JN296749

財団法人道路保全技術センター
道路構造物保全研究会 編

RAM

The Handbook of Road Asset Management

道路アセットマネジメント
ハンドブック

鹿島出版会

序

　わが国では、高度経済成長期に建設されたインフラ構造物が多く、その蓄積である道路のストックも今や膨大となるなか、公共投資削減という制約の下で、これらを良好に保全することを従来にも増して求められております。
　一方、交通量の増大、通行車両の大型化に伴う荷重の増大とともに、道路の損傷が激化し、それに起因する交通渋滞や交通事故の増加等は、大きな社会問題になっていると言っても過言ではありません。
　このような状況に適切に応え、安全・安心な社会を築き上げていくためには、高度な保全技術を駆使することにより、道路を常に良好な状態に維持することが肝要ですし、決して「荒廃する日本」にするようなことがあってはなりません。
　財団法人道路保全技術センターは、このような情勢に対応するため、1990年の設立以来、道路保全に関する総合的な技術開発を進め、効率的・効果的な保全技術を広く提供してまいりました。
　また、1995年には道路構造物の保全技術に関する研究・開発、設計・施工の合理化、新技術・新工法の普及と技術情報の交流を図るため、「道路構造物保全研究会」を当センターに設置いたしました。本研究会は、材料、機械・器具、調査、設計、施工等における道路保全の技術者が参画し、研究活動を行うことで成果を共有して保全技術の推進を図っております。
　2007年度には、本研究会の中に「特別調査部会」を新設し、当部会の中には「アセットマネジメント委員会」を立ち上げました。
　これからの効率的・効果的な道路保全のためには、維持補修計画を戦略的に決定するアセットマネジメント技術が必要不可欠であると考えたからです。
　このたび、当委員会より、これまでの研究を総括するものとして、「道路アセットマネジメントハンドブック」を刊行する運びとなりました。
　これまでご尽力いただいた関係各位に感謝の意を表するとともに、本書が道路の維持管理業務に携わる技術者の一助となりますことを願っております。

　平成20年11月

　　　　　　　　　　　　　　　　　　　　財団法人道路保全技術センター
　　　　　　　　　　　　　　　　　　　　　　理事長　佐藤 信彦

特別調査部会　アセットマネジメント委員会　委員名簿

委 員 長	冨田　耕司	(財)道路保全技術センター	
副委員長	植田　雅俊	(財)道路保全技術センター	
前委員長	廣川　誠一	(財)道路保全技術センター	
委　　員	伊藤　　始	前田建設工業(株)	
	上野　淳人	(株)日本構造橋梁研究所	
	香川紳一郎	応用地質(株)	
	笠井　利貴	大日本コンサルタント(株)	
	熊谷　弘史	(株)協和コンサルタンツ	
	島田　嘉剛	(株)片平エンジニアリング	
	杉山　　律	(株)間組	
	鈴木　智行	八千代エンジニヤリング(株)	
	竹内　恭一	日本工営(株)	
	豊田　　淳	三井共同建設コンサルタント(株)	
	南石　雅明	(株)長大	
	村瀬　順一	(株)東京建設コンサルタント	
	森本　克秀	(株)奥村組	
事 務 局	北村　隆理	(財)道路保全技術センター	
	對馬　光伸	(財)道路保全技術センター	
	山崎　重光	(財)道路保全技術センター	
	山根　立行	(財)道路保全技術センター	
	松岡　利一	(株)建設技術研究所	
	山岡　　潮	セントラルコンサルタント(株)	
	田中　樹由	(株)オリエンタルコンサルタンツ	
	重松　勝司	パシフィックコンサルタンツ(株)	

(敬称略)

目　次

序
委員名簿

第1章　道路アセットマネジメントの概念 ────── 1

1.1　これからの道路管理 …………………………………………… 1
（1）　道路の機能 ……………………………………………… 3
（2）　高齢化する道路構造物 ………………………………… 4
（3）　人口減少による産業構造の変化 ……………………… 5
（4）　民間活用による維持管理 ……………………………… 6

1.2　道路アセットマネジメント …………………………………… 6
（1）　道路アセットマネジメントのはじまり ……………… 6
　　（a）米国の取り組み ……………………………………… 7
（2）　日本の道路アセットマネジメント …………………… 8
　　（a）道路事業 NPM ……………………………………… 8
　　（b）国土交通省での道路アセットマネジメントに対する検討 … 9
　　（c）地方自治体への支援制度 ……………………………11
（3）　PIARC の道路アセットマネジメント ………………14

1.3　ハンドブックにおける道路アセットマネジメント …………15
（1）　ハンドブックでのアセットマネジメント …………15
（2）　目的や対象により変化するアセットマネジメントの定義 …15

1.4　道路の維持管理の計画と新設計画との違い …………………17
（1）　利用者・納税者から見えない維持管理 ……………17
（2）　事後的・突発的な対策 ………………………………18
（3）　適切なタイミングでの実施 …………………………19
（4）　サイクル型の事業 ……………………………………19
（5）　新旧の基準の混在 ……………………………………19

1.5　維持管理計画の策定 ……………………………………………20

（1）　維持管理計画を立案する期間 ……………………………… 20
　　（2）　維持管理計画を立案する際のマクロな視点とミクロな視点 … 21
　　　　（a）　長期計画でのマクロな視点、ミクロな視点 …………… 22
　　　　（b）　中期計画でのマクロな視点、ミクロな視点 …………… 22
　　　　（c）　単年度の事業計画（短期計画）でのマクロな視点、
　　　　　　　ミクロな視点 ………………………………………… 23
　　（3）　維持管理計画の策定フロー ……………………………… 24
　　　　（a）　長期計画 ……………………………………………… 25
　　　　（b）　中期計画 ……………………………………………… 25
　　　　（c）　単年度の事業計画（短期計画） ……………………… 25
　　（4）　管理瑕疵責任 …………………………………………… 26
　1.6　本書の構成 …………………………………………………… 29

第2章　維持管理計画の理念 ——————————————— 31

　2.1　維持管理計画の目的と意義 ………………………………… 31
　　（1）　維持管理計画を「策定」する目的 ………………………… 31
　　（2）　維持管理計画の目的 ……………………………………… 32
　　（3）　道路ネットワークの考え方と求められる機能 …………… 33
　　　　（a）　広域幹線ネットワーク ………………………………… 33
　　　　（b）　拠点連絡ネットワーク ………………………………… 33
　　　　（c）　生活・産業確保ネットワーク ………………………… 34
　　　　（d）　日常生活基盤ネットワーク …………………………… 34
　2.2　管理方針と管理水準の基本的な考え方 …………………… 36
　　（1）　管理方針の設定 …………………………………………… 36
　　（2）　管理水準の設定 …………………………………………… 37
　2.3　維持管理計画の構成 ………………………………………… 38
　　（1）　上位計画、地域レベルの計画、個別事業レベルの計画で構成
　　　　　される意思決定の三層構造の軸 ………………………… 38
　　（2）　事業の進捗に伴う時間軸 ………………………………… 39
　　（3）　長期・中期・短期計画の計画フレームの軸 ……………… 39
　　　　（a）　長期計画 ……………………………………………… 40
　　　　（b）　中期計画 ……………………………………………… 40
　　　　（c）　短期計画 ……………………………………………… 40

2.4 顧客志向・成果志向の維持管理計画 ····················42
　（1）　指標による説明 ·····························42
　（2）　指標の算出方法 ·····························46
　　　（a）安全性向上の例······························46
　　　（b）走行性向上の例　·····························47
　　　（c）耐荷性向上の例······························47

第3章　維持管理計画の立案と実施 ────────51

3.1　中期計画の立案 ································51
　（1）　中期的な管理水準の設定　····················51
　（2）　中期計画リストの作成　······················54
　　　（a）点検リストの作成·····························55
　　　（b）修繕計画リストの作成························56
　（3）　中期計画による効果　························58
　　　（a）コスト縮減効果·······························58
　　　（b）管理指標の推移による効果·····················59
　（4）　優先順位の設定　····························60
　　　（a）優先順位の評価の項目·························60
　　　（b）優先順位の評価の方法·························60
3.2　短期計画の立案 ································63
　（1）　短期の事業計画 ·····························63
　（2）　短期事業の実施 ·····························63
3.3　計画の評価と見直し ····························64
　（1）　長期計画の見直し　··························64
　（2）　中期計画の事後評価 ·························65
　（3）　中期計画の見直し　··························65
　　　（a）管理水準の見直し·····························65
　　　（b）予算の見直し································67
　（4）　短期事業の事後評価　························69
　　　（a）健全性の低い橋梁群から対応···················70
　　　（b）地域ごとに対応······························70

第4章　情報収集と活用 ———————————————71

4.1　情報の種類 …………………………………………………71
（1）　諸元情報 ……………………………………………………71
（2）　点検情報 ……………………………………………………72
（3）　対策履歴情報 ………………………………………………72

4.2　維持管理計画作成のために必要な情報 ……………………73
（1）　長期計画立案に必要となる情報 …………………………73
　　（a）　誰が管理している施設であるか …………………………73
　　（b）　どの道路施設（橋梁）を管理計画の対象とするか ………74
　　（c）　どの路線に位置しているか …………………………………74
（2）　中期計画立案に必要となる情報 …………………………74
　　（a）　いつ頃対策が必要となるか …………………………………74
　　（b）　どの程度の費用が必要となるか ……………………………75
　　（c）　優先的に対策を行う道路施設であるか ……………………75

4.3　情報の収集 …………………………………………………78
（1）　諸元情報の収集 ……………………………………………78
　　（a）　道路法に定められた諸元情報 ………………………………78
　　（b）　設計図書等の資料並びに現地で収集する諸元情報 ………79
（2）　点検情報の収集 ……………………………………………81
　　（a）　点検の目的 ……………………………………………………81
　　（b）　点検の方法 ……………………………………………………81
　　（c）　点検の種類 ……………………………………………………81
　　（d）　対象とする点検項目 …………………………………………83
（3）　点検結果の評価 ……………………………………………86
　　（a）　損傷評価の方法 ………………………………………………86
　　（b）　評価単位 ………………………………………………………87
（4）　点検結果に基づいた対策の判定 …………………………91
　　（a）　橋梁の例（技術者の力量により結果が異なるもの）………91
　　（b）　舗装の例（機械的に判断が行えるもの）…………………92
（5）　対策実施の判断 ……………………………………………93
（6）　点検情報の記録 ……………………………………………93
（7）　対策履歴情報の収集 ………………………………………95
（8）　点検情報の収集方法の提案 ………………………………95

4.4　情報の蓄積 ·· 97
　（1）　情報の蓄積方法 ·· 97
　（2）　情報更新時の留意事項 ··· 98
　（3）　情報共有による効果 ··· 98
　（4）　データベースによる情報管理の有効性 ···························· 99
4.5　情報の活用 ·· 99
4.6　国民への公表 ··· 99
4.7　情報管理方法の提案 ··· 102

第5章　ライフサイクルコストの考え方 ────── 105

5.1　ライフサイクルコストとは ·· 105
5.2　ライフサイクルコストの利用目的 ································· 106
5.3　社会的割引率と外部費用 ··· 106
　（1）　社会的割引率の取り扱い ··· 106
　（2）　外部費用について ··· 108
　　　（a）工事規制区間の車両走行費用 ································ 108
　　　（b）規制区間通過による時間損失費用 ·························· 109
5.4　各道路施設のLCCの考え方 ·· 109
　（1）　橋梁 ··· 109
　（2）　舗装 ··· 110
　（3）　トンネル ··· 112
　（4）　樹木 ··· 112
　（5）　土構造物 ··· 112
5.5　維持管理計画におけるLCC ·· 113
　（1）　LCC計算の単位 ··· 113
　（2）　材料の劣化要因 ··· 114
　　　（a）コンクリート ··· 114
　　　（b）鋼材 ··· 118
　　　（c）舗装材料 ··· 119
　　　（d）樹木 ··· 121
　（3）　部材単位のLCC ··· 121
　（4）　LCCの計算期間 ··· 125
　（5）　比較する場合の計算期間の取り方 ···························· 126

5.6 対策時期の設定 ………………………………………………… 127
　（1）同一工法が適用できる範囲 ……………………………… 127
　（2）劣化予測 …………………………………………………… 129
　　　（a）劣化予測手法 ………………………………………… 129
　　　（b）橋梁における劣化予測手法 ………………………… 130
　　　（c）PONTIS における劣化予測手法 …………………… 131
　　　（d）舗装における劣化予測手法 ………………………… 132
　（3）対策時期の設定 …………………………………………… 132
5.7 費用の計算 ……………………………………………………… 133
　（1）対策工法および単価の設定 ……………………………… 133
　（2）橋梁における対策工法と費用 …………………………… 134
5.8 LCC を用いたマネジメント ………………………………… 135
　（1）舗装マネジメントシステム（PMS）…………………… 135
　（2）橋梁マネジメントシステム（BMS）…………………… 136
　（3）中長期保全計画支援シミュレータ ……………………… 137

第6章 アセットマネジメントの取り組み事例 ——— 139

6.1 道路アセットマネジメントの事例 …………………………… 140
　（1）青森県　～橋梁マネジメントシステム～ ……………… 140
　（2）静岡県　～橋梁マネジメントシステム～ ……………… 142
　（3）横浜市　～橋梁維持管理における優先度評価～ ……… 144
　（4）静岡県　～舗装のアセットマネジメント～ …………… 146
　（5）町田市　～住民に身近な道路のアセットマネジメント～ … 148
　（6）高速道路株式会社（NEXCO）の総合保全マネジメント（ARM[3]）
　　　～道路経営と結びついたアセットマネジメント～ …… 150
　（7）東京都　～道路アセットマネジメントによる戦略的な
　　　　　　　予防保全型管理～ ……………………………… 152
　（8）アメリカの橋梁管理システム　～PONTIS～ ………… 154
　（9）橋梁点検要領 ……………………………………………… 156
6.2 アセットマネジメントを支援する仕組み …………………… 160
　（1）NPO 法人 橋梁メンテナンス技術研究所
　　　～民間団体による支援活動～ …………………………… 160
　（2）民間企業とのスポンサー契約による維持管理費の確保 …… 162

（3）　維持管理業務の民間委託 ……………………………………… 164
　（4）　道路の維持管理における管理瑕疵責任と道路賠償責任保険　166

第7章　付録 ―――――――――――――――――――――― 169

7.1　道路橋の中長期保全計画支援シミュレータ …………… 169
　（1）　開発の背景 …………………………………………………… 169
　（2）　計算機能 ……………………………………………………… 169
　（3）　使用データ …………………………………………………… 170
　（4）　全体フロー …………………………………………………… 170
　（5）　対策時期の設定 ……………………………………………… 172
　　　（a）　対策時期の設定方法……………………………………… 172
　　　（b）　劣化予測の限界 ………………………………………… 172
　　　（c）　劣化予測を用いた対策時期の設定方法………………… 172
　　　（d）　適切な単位によるグループ化 ………………………… 173
　　　（e）　中長期シミュレータにおける対策時期の設定 ……… 174
　（6）　対策費用の計算 ……………………………………………… 175
　（7）　維持管理費の将来推計計算 ………………………………… 176
　（8）　予算制約を考慮した計算 …………………………………… 177
　　　（a）　予算制約の考え方………………………………………… 177
　　　（b）　要注意橋梁の抽出 ……………………………………… 178

7.2　損傷記録方法の提案 ………………………………………… 179
　（1）　目的 …………………………………………………………… 179
　　　（a）　点検作業の分類…………………………………………… 179
　　　（b）　提案する損傷記録方法による橋梁点検の流れ ……… 181
　（2）　適用の範囲 …………………………………………………… 182
　　　（a）　写真により撮影可能な距離……………………………… 182
　　　（b）　対象とする径間長 ……………………………………… 182
　（3）　調査の実施 …………………………………………………… 183
　　　（a）　調査方法…………………………………………………… 183
　　　（b）　調査のために準備する機材 …………………………… 186
　　　（c）　調査項目 ………………………………………………… 187
　　　（d）　写真撮影方法 …………………………………………… 189
　　　（e）　写真撮影位置、方向の記録方法 ……………………… 189

（4）　調査結果の記録 ………………………………………… *190*
7.3　地方管理橋梁基礎データ入力システム ………………… *197*
　（1）　開発の背景 ……………………………………………… *197*
　（2）　入力システムの利用について ………………………… *198*
　　（a）入力システムの利用者………………………………… *198*
　　（b）入力システムの著作権 ……………………………… *198*
　（3）　入力システムの稼働環境 ……………………………… *199*
　（4）　入力システムの機能 …………………………………… *200*
　　（a）機能概要……………………………………………… *200*
　　（b）諸元等データの入力 ………………………………… *200*
　　（c）基礎デ要領の調査シートの自動作成……………… *203*
　　（d）基礎デ要領の調査結果の入力 ……………………… *205*
　　（e）写真、図面データの登録 …………………………… *206*
　　（f）長寿命化修繕計画作成支援 ………………………… *207*
　　（g）補修履歴データの入力 ……………………………… *208*

索引 ……………………………………………………………… *209*

第1章　道路アセットマネジメントの概念

1.1　これからの道路管理

　道路は、国民1人ひとりが利用者であり、交通ネットワークの要として、人の移動や物資の輸送に欠かすことのできない、基本的な社会資本である。
　わが国は、戦後著しい復興、経済成長を成し遂げ、特に1955年から1973年の20年近くの間、経済の成長率が年平均で約10％を超える高度成長を続けた。
　高度経済成長期には、1963年の東海道新幹線、同年の首都高速道路をはじめとした社会資本が整備され、道路ネットワークも大量に整備されてきた。

　例えば、全国の橋梁のうち、橋長15m以上のものだけでも、高度経済成長期に約5万橋整備され、その数は、現在の橋長15m以上の橋梁数14万橋の約35％を占めている。
　それら、大量に整備された道路橋は、技術の進歩と相まって、長い寿命を持ち、今なお国民の移動や物資の輸送を支えているが、今後高齢化による損傷の進展等により、補修補強の必要なものが増加するものと思われる。

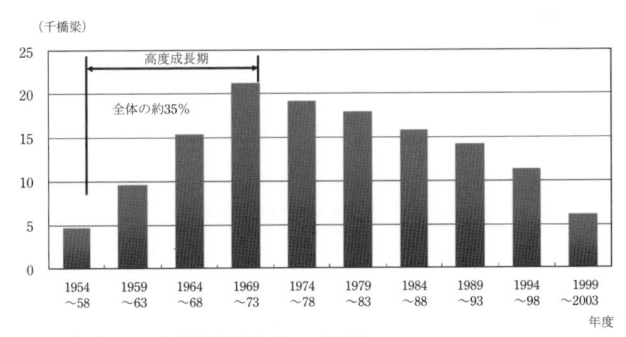

図1-1　年代別の橋梁整備量の推移[※1]

トピック

道路構造物と人口の年齢構成の変化

　高齢化を迎えるものは、道路施設だけでなく国民も同様である。わが国の人口は、1949年に出生者数が約270万人となり、人口は急激に増加した。この期間に生まれた人々は、第一次ベビーブーム世代や団塊の世代と呼ばれ、高度経済成長の産業を支えてきた。

　わが国は、今後、それら団塊の世代の退職による生産人口の減少や、高齢化を迎えることとなる。

　わが国の道路施設と国民の年齢分布を、下図に示す。

　現時点では、年齢の若い下側に集中している分布は、今後上側へ移動し、2055年時点では完全に50歳以上となる。

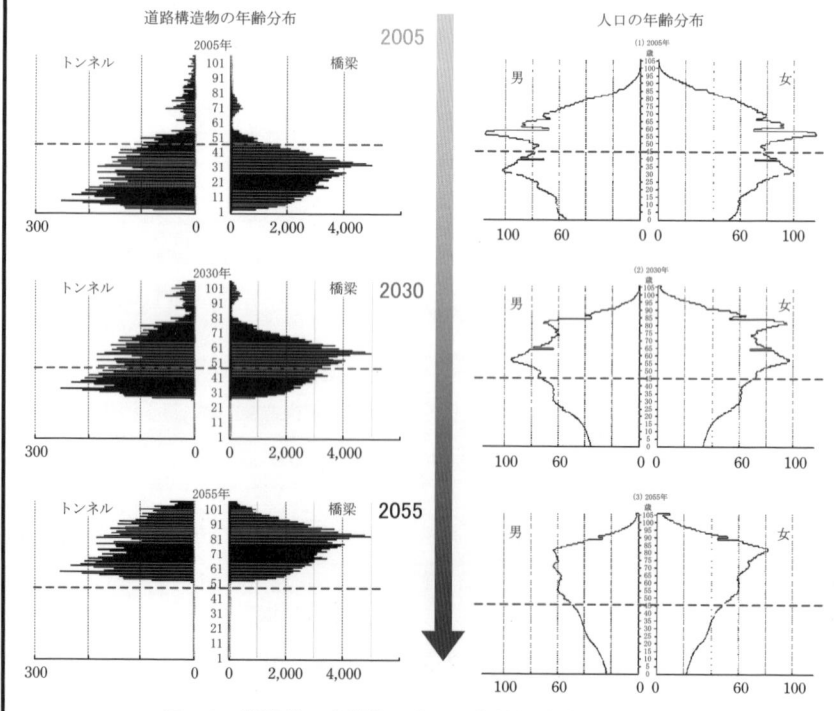

図1-2　構造物の高齢化と人口の高齢化（破線：50歳）

注1　橋梁、トンネルのデータは、道路施設現況調査（2004年）を採用
　　（2005年以降の構造物の新設は考慮していない）
注2　人口推計は、「日本の将来推計人口（平成18年12月推計）結果の概要
　　　平成18年12月、国立社会保障・人口問題研究所」より抜粋

（1） 道路の機能

道路は、交通機能と空間機能の2つの機能を有している。

交通機能には、自動車や歩行者・自転車それぞれについて、安全・円滑・快適に通行できるという通行機能、沿道施設に出入りするためのアクセス機能、自動車の駐車や歩行者の滞留といった滞留機能がある。

空間機能には、都市の骨格形成や沿道立地の促進などの市街地形成、延焼防止などのための防災空間、緑化や景観形成、沿道環境保全のための環境空間、交通施設やライフラインなどの収容空間としての機能がある。

道路の維持管理においては、これらの機能のうち、「通行機能（安全・円滑・快適な通行）」を確保し、人の移動や物資の輸送を安定的に提供し続けることが必要である。

通行機能は、ネットワークとして発揮されるものであり、部分的な通行機能の停止は、道路ネットワーク全体の機能停止につながり、サービスが低下する。

そのため、道路管理者は、通行機能への影響を与える維持管理行為を行う際には、道路をネットワークとしてとらえ、国民への安定したサービスを提供し続けていく必要がある。

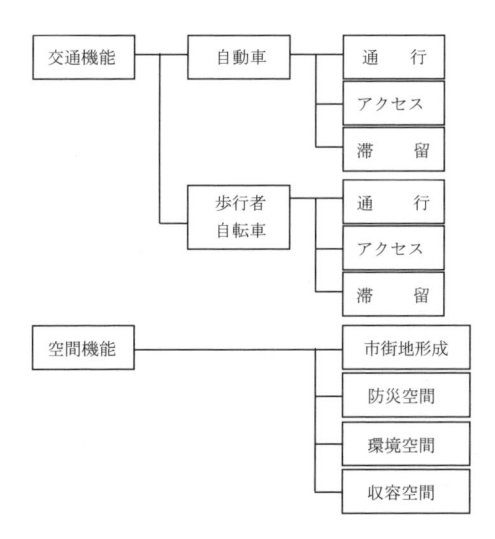

図1-3 道路の機能[※2]

（2） 高齢化する道路構造物

　道路施設は、コンクリートや鉄筋などの材料から建設されており、時間経過とともに進展する材料劣化や、大型車の通行等の外力、飛来塩分による化学反応等の影響を受け、損傷が発生、進展していく。

　建設後50年以上を経過した橋梁、トンネルを高齢化していると位置付け、国土交通省が試算した結果、橋梁は2006年時点で約6％であった高齢化率[注1]が、10年後には約20％、20年後には約47％にまで増加する。

　トンネルも同様に高齢化し、2006年時点で約17％であった高齢化率が、10年後には約30％、20年後には約47％にまで増加する[注2]。

図 1-4　高齢化が進むわが国の道路構造物（橋梁）[※3]

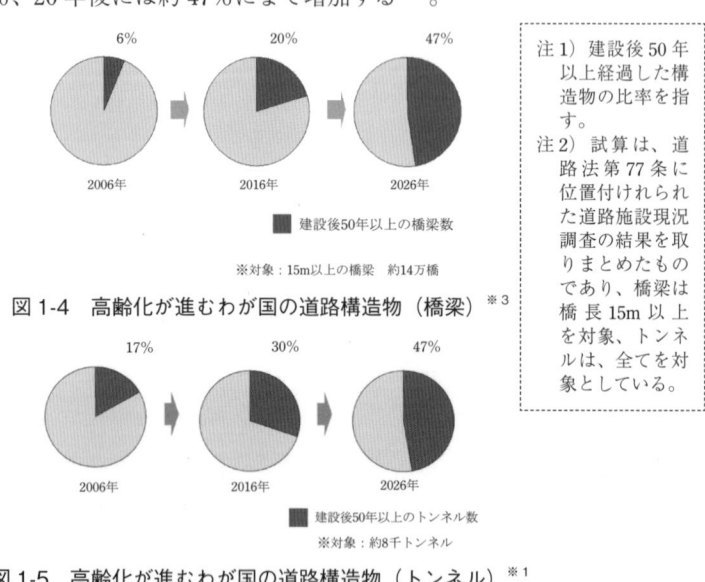

図 1-5　高齢化が進むわが国の道路構造物（トンネル）[※1]

注1）建設後50年以上経過した構造物の比率を指す。
注2）試算は、道路法第77条に位置付けれられた道路施設現況調査の結果を取りまとめたものであり、橋梁は橋長15m以上を対象、トンネルは、全てを対象としている。

鋼部材の腐食

コンクリート部分の剥離・鉄筋露出

図 1-6　高齢化により損傷した橋梁の写真[※3]

（3） 人口減少による産業構造の変化

わが国の人口は、昭和40年代後半から縮小傾向であるものの増加してきたが、平成17年には、前年に比べ1万9000人減少し、戦後初めての減少となった。

また、わが国の人口構造を見ると、戦後の劇的な平均寿命の向上と、出生率の低下により、急激な少子高齢化を迎えることとなる。

今後の人口推移を年齢別に見ると、生産年齢といわれる15歳～64歳までの人口は、総人口の減少に比べて早く、我が国の生産力を維持していくためには、生産効率の向上を図るとともに、産業構造も転換を図らなければならない。

産業構造の転換は、国民の移動や物資の輸送等のルートや交通量等の変化を伴うと想定される。

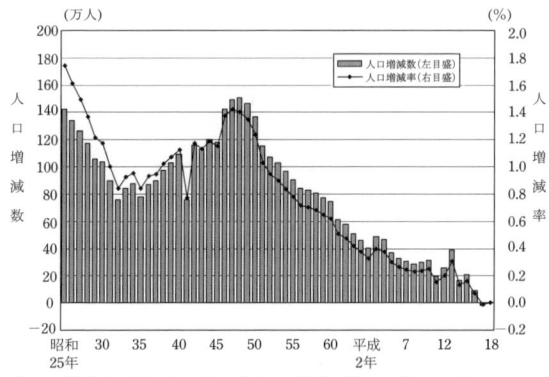

図1-7　総人口の人口増減の推移[4]

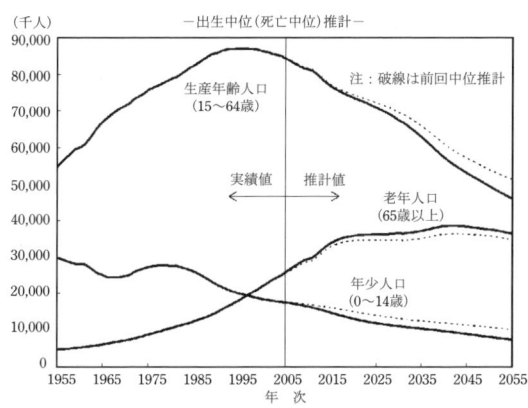

図1-8　人口推計結果（平成17年度国勢調査・第一次基本集計結果を基に推計）[5]

（4） 民間活用による維持管理

高度経済成長期に大量に整備された道路施設の急激な高齢化や、国民の生産人口の減少や高齢化により、道路維持管理費の確保と効率的かつ効果的な維持管理が今後必要となる。

道路維持管理の財源の確保、効率的な維持管理の手法として、民間資金と経営能力・技術力（ノウハウ）を活用した手法が進められており、様々な取り組みが行われている。

民間企業に維持管理費や更新費を支援してもらう代わりに、道路空間における広告許可等を提供するスポンサー契約や、維持管理業務を一括して民間委託するなど、制度改正、創設とともに民間活力の積極的な活用が進められている。

［第6章　6.2（2）（3）に参考事例を示す］

1.2　道路アセットマネジメント

（1）　道路アセットマネジメントのはじまり

道路アセットマネジメントは、米国ではじまり、わが国においては、荒廃するアメリカの教訓を受け、道路アセットマネジメントに対する取り組みを開始した。

米国からはじまった道路アセットマネジメントは、道路技術・道路交通政策の向上等を目的として1909年に設立された国際技術協力機関であるPIARC（世界道路協会）でも取り組まれており、先進国、発展途上国を含めた世界規模での活動となっている。

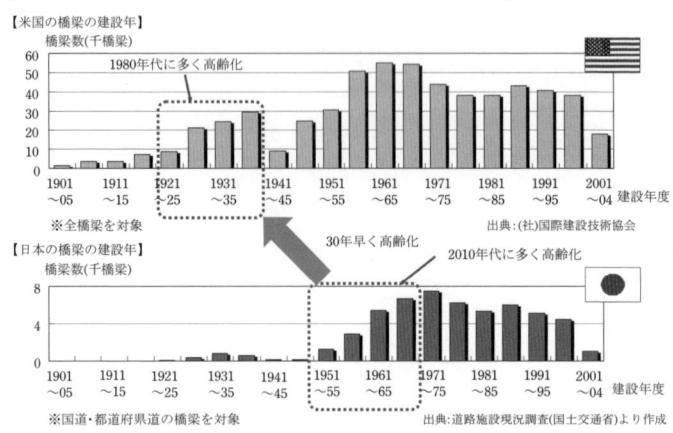

図1-9　日米の橋梁の建設年の比較[※6]

第1章 道路アセットマネジメントの概念

わが国がアメリカを教訓とした理由には、道路施設の集中整備による高齢化橋梁の集中発生への対応という課題が共通していることと、米国はわが国に比べ約30年早く道路施設の高齢化社会を迎えており、課題解決に向けた取り組みが先行的に行われていたからである。

(a) 米国の取り組み

米国は、1930年代のニューディール政策により、大量の道路施設が建設された。

それら道路施設の高齢化が進展し、1967年のシルバー橋の崩壊などをはじめ、1980年代には荒廃する米国と呼ばれた。

米国連邦政府は、1982年に陸上交通支援法を制定し、ガソリン税を引き上げ、道路投資を拡充するとともに、1991年のISTEA（総合陸上輸送効率化法）、後継法であるTEA-21（21世紀陸上交通最適化法）により、道路整備の財源を確保、強化した。

また、技術的な制度化として、1970年に連邦法による連邦補助道路上の橋梁点検の義務付け、1971年に全国橋梁点検規準（NBIS）の作成等を行い、積極的に維持管理を行ってきた。

このような橋梁管理の財政強化や制度化に加え、1982年の「財務管理イニシアチブ（FMI：Financial Management Initiative）」以降、目標管理型マネジメントによる行政そのものを効率化する政策へと転換した。

この目標管理型マネジメントから、行政を経営するというNPM（New Public Management）という考え方が生まれ、道路の維持管理に対するNPMの取り組みとして「アセットマネジメント」が始まった。

その後1995年に米国連邦道路庁（FHWA：The Federal Highway Administration）にアセットマネジメント室が設立され、道路アセットマネジメントに向けた検討を行っている。

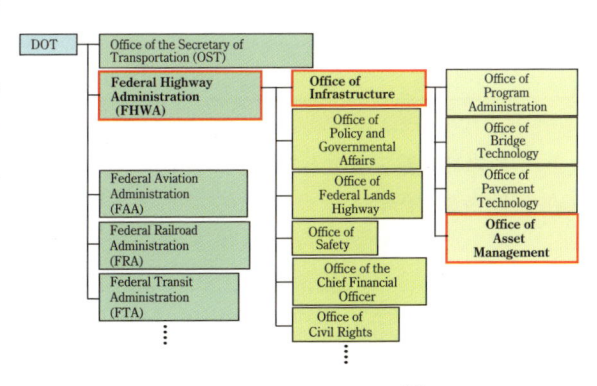

図1-10　FHWA 組織図[※7]

> **トピック**　　　　　　　　　　**NPM**
>
> 　　NPMは1980年代の半ば以降、イギリス、ニュージーランドなどアングロサクソン系諸国を中心に、行政実務の現場を通じて形成されたデファクトスタンダードな行政運営管理理論であり、その基本的な考え方は、民間企業における経営理念・方法を行政現場に導入することを通じて、行政部門の効率化・活性化を図ることにある。
>
> 　　NPMは国ごとに様々な形で具体化しており、多様性を持つものであるが、全体的な共通特徴として、以下の4点が一般的に挙げられている。
>
> ①業績／成果による統制
> 　　従来の政府／行政部門が、手続きやプロセスを重視し、事前に規定された活動内容による運営を行っていたのに対し、NPMでは活動内容や手続きの自由度を高める代わりに、活動の結果として何が実現できたかという「成果（業績）（アウトプット・アウトカム）」を重視し、より高い成果を効率的に実現することを目指すものである。定量的な目標の設定・達成状況のモニタリングと評価・結果改善へのフィードバック、結果のアカウンタビリティーといった一連のシステムにより成立。
> ②市場メカニズムの活用
> 　　民営化手法、エージェンシー、内部市場などの契約型システムの導入
> ③顧客主義への転換
> 　　住民をサービスの顧客と見なして、その満足を高めることを基準とした業績・成果を測定する。
> ④ヒエラルキーの簡素化（ヒエラルキー：ピラミッド型の段階的組織構造）
> 　　統制しやすい組織に変革する

（2）　日本の道路アセットマネジメント
（a）道路事業NPM

　道路事業のNPMの取り組みとして行われているものには、事業評価が挙げられ、ここでは、今後の道路政策については、道路サービスによる成果（アウトカム）を重視し、道路ユーザーが満足する道路行政に転換することが重要であるとされている。

　国土交通省では、国民の視点に立ち、より効果的、効率的かつ透明性の高い道

路行政へと転換を図るため、平成15年度より、国民にとっての成果を重視する成果志向の考え方を組織全体の基本と位置付け、アウトカム指標を用いた業績評価の手法を中心に、政策の評価システムを核とした道路行政運営の仕組みとして、道路行政マネジメントを導入した。

道路行政マネジメントは、業績計画書に定めた目標を達成度報告書を基に評価しており、評価結果の分析を行うとともに、見直しを実施する、PDCAサイクルにより運営されている。

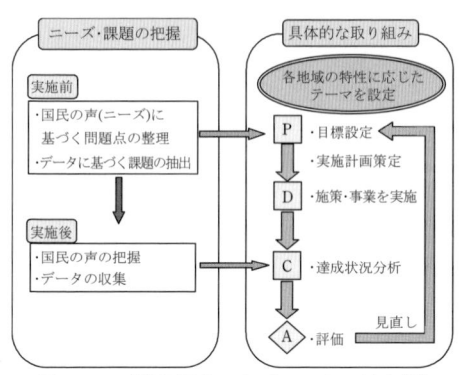

図1-11 道路行政マネジメントの流れ[※8]

道路行政の業績計画書では、維持管理に関する指標を「予防保全率」とし、平成19年度には、おおむね100％の実施を目標としていた。

平成16年度実績			88％
平成18年度	実	績	95％
	目	標	96％
平成19年度	見込み		おおむね100％
	目	標	おおむね100％

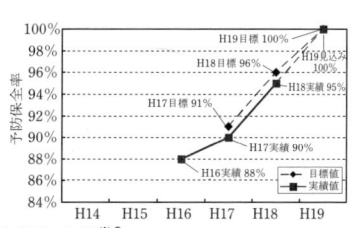

図1-12 予防保全率の実績と目標[※8]

(b) 国土交通省での道路アセットマネジメントに対する検討

国土交通省は、「国土交通省公共事業コスト構造計画プログラム、平成15年3月、国土交通省」の施策21にて、「アセットマネジメント手法等、ライフサイクルコストを考慮した計画的な維持管理を行う」を挙げ、施策の具体例として、道路管理におけるアセットマネジメントシステムの構築、運用を記載した。

同年、「道路構造物の今後の管理・更新等のあり方　提言、平成15年4月」として、アセットマネジメントの考え方や必要な要素技術等の検討成果を公表した。

提言では、アセットマネジメントを「道路を資産としてとらえ、道路構造物の状態を客観的に把握・評価し、中長期的な資産の状態を予測するとともに、予算的制約の中でいつどのような対策をどこに行うのが最適であるかを考慮して、道路構造物を計画的かつ効率的に管理すること」と定義した上で、道路アセットマネジメントの考え方についてフロー図を示すとともに、7つの要旨を取りまとめた。

委員会の後、国土交通省では、点検要領の改訂や直轄国道における橋梁マネジメントシステムの導入等、提言の実現に向けた取り組みを実施している。

【提言後に策定された要領等（橋梁）】
・橋梁の維持管理の体系と橋梁管理カルテ作成要領（案）
・橋梁定期点検要領（案）
・橋梁における第三者被害予防措置要領（案）
・コンクリート橋の塩害に関する特定点検要領（案）
・補修・補強工事調書の記入要領（案）
（作成年月等は、全て「平成16年3月、国土交通省 道路局 国道・防災課」）

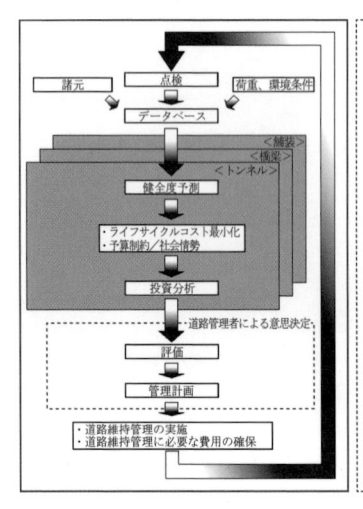

図1-13　提言要旨と道路アセットマネジメントの考え方[※9]

(c) 地方自治体への支援制度

　地方自治体における橋梁の維持管理を促進させるため、国土交通省や民間団体により支援活動が行われている。

　国土交通省では、①財政的な支援、②技術的な支援の2つの支援を行っている。

①　財政的な支援

　国土交通省は、平成19年4月に「長寿命化修繕計画策定事業費補助制度要綱について」を、同5月にその運用方法を通知した。

　長寿命化修繕計画策定は「従来の事後的な修繕及び架替えから予防的な修繕及び計画的な架替えへと円滑な政策転換を図るとともに、橋梁の長寿命化並びに橋梁の修繕及び架替えに係る費用の削減を図りつつ、地域の道路網の安全性・信頼性を確保する」ことを目的とした計画であり、国は地方自治体が策定する長寿命化修繕計画の策定に要する費用の2分の1を補助する（都道府県及び政令市は平成23年度、その他の市町村に対しては平成25年度までの時限措置）。

　長寿命化修繕計画の策定には、学識経験者等の専門的な知識を有する者の意見を聴くこと、策定後は地域の住民にわかりやすく示すことが必要とされている。

②　技術的な支援

　　ⓐ　調査要領の策定

　　　「道路橋に関する基礎データ収集要領（案）、平成19年4月、国土交通省国土技術政策総合研究所」の策定と公表。

　　ⓑ　技術講習会の開催

　　　平成19年5月～6月にかけ、橋梁の損傷と対応といった基礎知識、策定した要領の説明と現地研修、長寿命化修繕計画の説明等を行う橋梁技術講習会が国土交通省 各地方整備局の主催により開催された。

　　　講習会には、地方自治体の職員が延べ700人程度参加し、2日間にわたり、講習並びに実施研修を受けた。

　民間団体では、橋梁点検に関するマニュアル作成支援や普及のための講習会の開催、長寿命化修繕計画策定の支援などを行っている例がある。

　長寿命化修繕計画はアセットマネジメントと異なるが、本書では自治体が計画を策定することにより、アセットマネジメントへの足がかりとなる支援制度として取り上げた。

［第6章　6.2（1）に参考事例を示す］

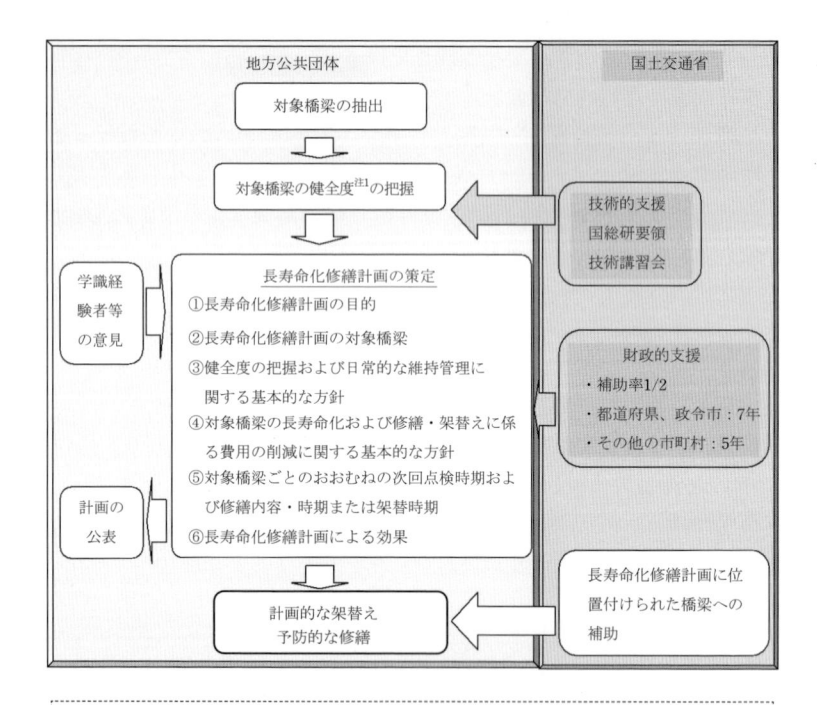

```
┌─────────────────────────────────────────────┬──────────────────────┐
│              地方公共団体                    │     国土交通省        │
│                                             │                      │
│            ┌──────────────┐                 │                      │
│            │  対象橋梁の抽出 │                 │                      │
│            └──────┬───────┘                 │                      │
│                   ▽                         │                      │
│         ┌──────────────────┐   ◄──────      ┌──────────────┐        │
│         │ 対象橋梁の健全度注1の把握│          │ 技術的支援    │        │
│         └──────┬───────────┘              │ 国総研要領    │        │
│                ▽                            │ 技術講習会    │        │
│  ┌─────┐  ┌──────────────────────┐           └──────────────┘        │
│  │学識経│  │ 長寿命化修繕計画の策定 │                                │
│  │験者等│  │ ①長寿命化修繕計画の目的│                                │
│  │の意見│  │ ②長寿命化修繕計画の対象橋梁│       ┌──────────────┐     │
│  └─────┘  │ ③健全度の把握および日常的な維持管理に│ 財政的支援   │     │
│           │   関する基本的な方針 │          │・補助率1/2   │     │
│           │ ④対象橋梁の長寿命化および修繕・架替えに係│・都道府県、政令市：7年│
│           │   る費用の削減に関する基本的な方針│ ・その他の市町村：5年│
│  ┌─────┐  │ ⑤対象橋梁ごとのおおむねの次回点検時期および│└──────────────┘│
│  │計画の│  │   修繕内容・時期または架替時期│                       │
│  │公表 │  │ ⑥長寿命化修繕計画による効果│                            │
│  └─────┘  └──────────┬────────────┘                              │
│                     ▽                                           │
│           ┌──────────────┐  ◄──────       ┌──────────────┐         │
│           │ 計画的な架替え │              │長寿命化修繕計画に位│     │
│           │ 予防的な修繕  │              │置付けられた橋梁への│    │
│           └──────────────┘              │補助          │         │
│                                          └──────────────┘         │
└─────────────────────────────────────────────┴──────────────────────┘
```

注1 健全度：国または地方公共団体が定めた手法に従い、地方公共団体が計画的に行う点検等により、橋梁の各部材の損傷状況を把握することをいう。

図 1-14 長寿命化修繕計画策定事業費補助制度[※10] **を参考に作成**

トピック　日米のアセットマネジメントの歴史の一覧

　米国では、日本よりも早く、橋梁点検の義務化やマネジメントに対する取り組みが行われ、日本はその成果を参考にアセットマネジメント導入に取り組んできた。

　近年の日本の取り組みとしては、2007年に米国で発生したI-35 W橋の崩壊を受け、道路橋の維持管理の重要性が再認識され「道路橋の予防保全に向けた有識者会議」が開催されている。

表 1-1　道路アセットマネジメントの歴史（日米の比較）[※11]

西暦	米国	日本
1967	シルバー橋の崩壊	
1968	連邦議会による、全国橋梁点検規準（NBIS）の作成指導（連邦法 US Code Title23 151 National Bridge Program）	
1970	連邦法による連邦補助道路上の橋梁点検の義務づけ（連邦法 US Code Title23 144）	
1971	全国橋梁点検規準（NBIS）の作成	
1978	公道上の橋梁点検の義務付け	
1982	財務管理イニシアチブによる目標管理型マネジメントの導入（NPMの始まり）（FMI：Financial Management Initiative）	
1983	Mianus River 橋の崩壊 崩壊に対し余裕のない橋梁の問題化	
1987	Schoharie Creek 橋の崩壊 基礎の洗掘による崩壊	
1988	全国橋梁点検規準（NBIS）の改訂	「橋梁点検要領(案)、建設省土木研究所」の策定
1995	米国連邦道路庁（FHWA）にアセットマネジメント室を設立	
2002		「国土交通省公共事業コスト構造改革プログラム、平成15年3月」に「アセットマネジメント手法等、ライフサイクルコストを考慮した計画的な維持管理を行う」と記載
		道路構造物の今後の管理・更新等のあり方 提言 の公開（委員長：高知工科大学 学長 岡村 甫）
2004		「橋梁定期点検要領(案)、国土交通省 国道・防災課」の策定
2005		「アセットマネジメント導入への挑戦、(社)土木学会」が出版
2007	ミネソタ州ミネアポリスの I-35W 橋の崩壊	国土交通省 道路局 国道・防災課に道路保全企画室を設立
		「道路橋に関する基礎データ収集要領(案)、国土交通省 国土技術政策総合研究所」の策定
		道路橋の予防保全に向けた有識者会議の開催（委員長：(独)日本高速道路保有・債務返済機構 理事 田﨑忠行）

(3) PIARCの道路アセットマネジメント

　PIARC（世界道路協会）は、道路技術・道路交通政策の向上等を目的として、1909年にパリを本部として設立された国際技術協力機関であり、加盟国は108カ国である。

　PIARCでは、2004～2007年に道路アセットマネジメントの技術委員会（略称：TC4.1）において、アセットマネジメント手法の改善、アウトカムに重点を置いた性能指標、利用者や周辺住民への配慮事項等について検討が行われた。現在も引き続き、2008～2011年の期間で実施されている。

　PIARC TC4.1の東京会合が平成19年6月に行われ、そこでは、以下のとおり世界におけるアセットマネジメントへの取り組み状況が紹介された。

ⓐ　発展途上国
・道路ネットワークの整備が必要とされ、それにより、地方や遠隔地にいる住民を市場と結びつけて経済成長を促進させることが課題である。

ⓑ　発展途上国から先進国への移行国
・新規の道路ネットワークの整備には資金等の資源を投入する一方で、既存の道路資産の維持管理には限られた財源しか充てられないというのが課題である。

ⓒ　先進国
・道路ネットワークの維持に焦点を合わせており、道路アセットマネジメントの枠組みが最も成熟している。プロセスは目的駆動型であり、状態の評価、性能のモニタリング、そしてフィードバックをする要素が含まれており予算は中央から配分されている。

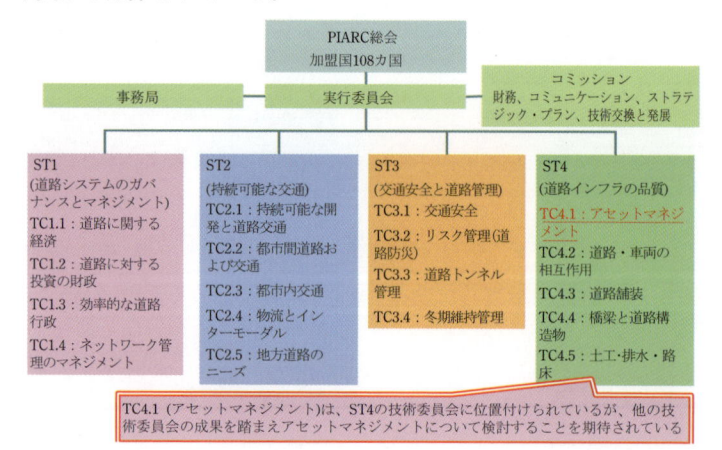

1.3 ハンドブックにおける道路アセットマネジメント

(1) ハンドブックでのアセットマネジメント

　道路管理者は、国民へ通行機能を安定的に提供するため、道路を常に安全・安心に通行できるよう、維持管理する責任がある。

　そのためには、道路ネットワークとしての通行機能を確保する維持管理を計画的に行うことが重要である。

　維持管理を計画することは、道路の状況把握や補修補強費に必要な予算を見積もり、道路事業費の中での合理的配分や効率的な業務実施を行うとともに、事業内容を説明し、情報提供を行うことを可能とする。

　また、道路は国民が必要とする限り、永久に通行機能を確保する必要があるため、維持管理の計画は永続的に立案と実行を繰り返す必要がある。

　本書では、道路管理者の立場から、対象を道路ネットワークや道路構造物(橋梁、舗装等)としてアセットマネジメントを定義した。

> 【ハンドブックのアセットマネジメントの定義】
> 道路資産を、計画的に維持・管理・機能向上・更新する、永続的なプロセス

(2) 目的や対象により変化するアセットマネジメントの定義

　アセットマネジメントは、維持管理に着目した行政経営活動(NPM)の1つであり、その定義は、対象や目的によっていくつかの側面を持つ。

　定義を「対象」「目的」「方法」に分けて考えると、道路構造物の部材(橋梁、舗装等の部品や部材)を対象とした場合には、ライフサイクルコスト(LCC)の最小化が、道路ネットワークとしてとらえる場合には管理水準の確保や効率的な投資、組織や人材、知的財産といった社会システムを対象とした場合には、資産価値の継承・増大が目的となる。

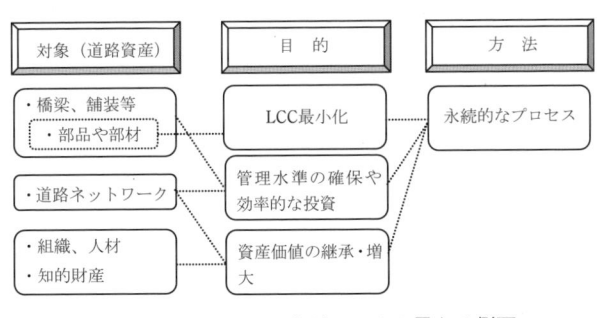

図1-15　アセットマネジメントの異なる側面

トピック

アセットマネジメントの定義

　アセットマネジメントは対象の目的によって異なる側面を持つため、機関によって異なる定義が用いられている。

　道路管理者は、アセットマネジメントを実践する際、自ら対象や目的を定めた上で、定義付けを行うことが望ましい。

表1-2　アセットマネジメントの定義

機関		アセットマネジメントの定義	出典
道路	国土交通省	道路を資産としてとらえ、道路構造物の状態を客観的に把握・評価し、中長期的な資産の状態を予測するとともに、予算的制約の中でどのような対策をどこに行うのが最適であるかを考慮して、道路構造物を計画的かつ効率的に管理すること。	道路構造物の今後の管理・更新等のあり方提言、平成15年4月
	土木学会	国民の共有財産である社会資本を、国民の利益向上のために、長期的視点に立って、効率的、効果的に管理・運営する体系化された実践活動。工学、経済学、経営学などの分野における知見を総合的に用いながら、継続して（粘り強く）行うものである。	アセットマネジメント導入への挑戦、社団法人土木学会編
	FHWA	物理的な資産を費用効率的に維持管理、改修および運営するための体系的なプロセスである。また工学的な原理と最善の実践手法、および経済学の理論を組み合わせたものであり、意思決定のための体系的で理論的なアプローチを容易にする道具を提供するものである。	Asset Management Primer U.S.Department of Transportation December 1999
港湾		国民の共有財産である港湾資本を、国民の利益向上のために、時間軸および空間軸の観点から、機能を維持し、資産価値を向上させて、効果的かつ効率的に運用することを目的として体系化されたプロセス。	国総研（JACIC情報2007）（港湾2006.8）
住宅		社会資本ストックの維持管理について、住宅・社会資本の特性に応じたメリハリのある維持管理を行うことにより、建設・更新時期の集中の回避を行う。	国総研（建設マネジメント技術2006.9）
下水道		下水道を資産としてとらえ、下水道施設の状態を客観的に把握、評価し、中長期的な資産の状態を予測するとともに、予算制約を考慮して下水道施設を計画的、かつ効率的に管理する手法。	日本下水道事業団（建設マネジメント技術2006.9）（JACIC情報2007）
鉄道		施設の維持管理・更新を適切に行い、限られた予算内でより効率的にサービスレベルや安全性を維持していく方策。	財団法人運輸政策研究機構（第3回鉄道整備等基礎調査報告シンポジウム資料）

1.4 道路の維持管理の計画と新設計画との違い

従前の道路の維持管理計画は、道路の新設計画に対し①利用者・納税者から見えない、②事後的・突発的な対策の実施、③適切なタイミングでの実施、④サイクル型、⑤適用する基準の面で異なっている。

表1-3 管理の計画と新設の計画との違い

	管理の計画	新設の計画
解決すべき問題	利用者・納税者から見えない維持管理	利用者・納税者から見える工事
対策の実施時期	事後的・突発的な対策	予定的・計画的な対策
予算と時間	適切なタイミングでの実施	早ければ早いほど良い
形式	サイクル型	プロジェクト型
適用する基準	新旧の基準の混在	最新の基準

(1) 利用者・納税者から見えない維持管理

利用者・納税者にとっての道路は、通行の際に目に入る路面より上の道路施設であり、目に見える損傷は、路面の穴ぼこやガードレールの錆等である。

しかし、橋梁を例にとった場合、道路施設の安全性を低下させる損傷は、橋の下面で生じており、利用者や納税者には見えにくい。

また、今までの道路は、道路管理者の努力により高水準なサービスが提供されており、国民にとっての道路は、常に安全なもの、壊れないものという認識がある。

そのため、利用者や納税者は、維持管理の必要性や重要性を認識することが難しく、「見えない」ということになる。

図1-16 見える損傷（舗装路面の損傷）と見えない損傷（橋梁下面の損傷）の例[※3]

（2） 事後的・突発的な対策

　道路施設の損傷は、時間経過に伴う材料劣化、車両の荷重等の外力の蓄積、環境条件による化学的作用の進展等により発生・進展する。

　補修補強は、損傷が生じた後、道路管理者が必要性を確認してから行われるため、どうしても事後的な対応となる。

　また、人が病気にならないために行う予防接種といった予防的な措置は、道路構造物にとってはなじみにくく、予防的な処理は設計段階での塩分浸入を防ぐシートの採用等になる。

　加えて、損傷が軽微な段階での補修補強は、大規模な損傷に対する補修補強に比べて、小規模な工事で実施することが可能であることが多く、工事に伴う通行規制車線数や期間が異なる傾向がある。

　そのため、維持管理においては、事後的な対応を①損傷が軽微な段階で対策を行う予防保全、②損傷が進展し、大規模な対策を行うことを事後保全と区分して扱うことができる。

【軽微な段階での対策】　【進展してからの対策】

【炭素繊維接着】　【床版の打換え】

図1-17　損傷が軽微な段階で行う対策と、損傷が進展してから行う対策の例（橋梁）[※3]

（3） 適切なタイミングでの実施

　道路施設の各補修補強工が対応できる損傷の程度は、工法によって異なる。

　また、工法の違いは、費用や交通規制等、通行機能に与える影響が大きく異なる。

　さらに損傷の進展を放置しておくことは、道路の安全性低下というリスクを増大させるものである。

　そのため、損傷の進展状況や将来の損傷の進展によるリスクも踏まえつつ、適切なタイミングでの補修補強を選択することが重要である。

（4） サイクル型の事業

　道路の新設事業は、必要な道路を計画・設計・施工し、竣工した時点で終了する、プロジェクト型の事業である。

　一方、道路の維持管理は、建設後、利用者である国民が必要とする期間中の安全性を確保する必要があり、その期間中に発生する損傷と、損傷に対する補修補強の実施を繰り返し行う、サイクル型の事業である。

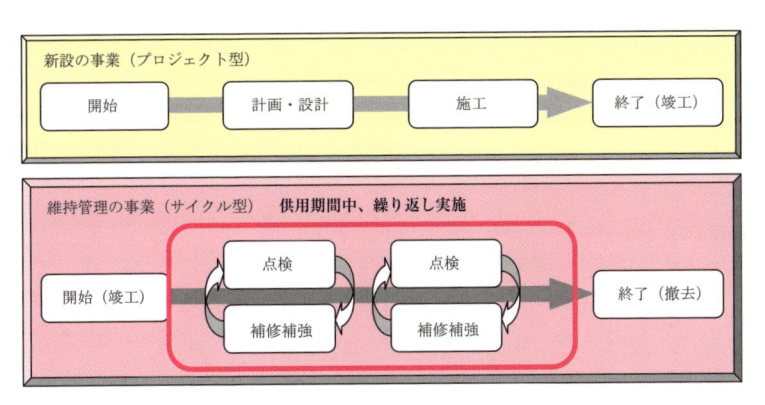

図1-18　新設と維持管理の事業イメージ

（5） 新旧の基準の混在

　土木技術は、日々の研究開発や、大規模地震等による想定外の外力への対応、新たに見つかる損傷への対応等により進歩しており、技術基準や要領は、適宜改訂を繰り返し現在に至っている。

　そのため、維持管理の対象となる道路施設は、設計施工された時点に応じて異なる基準や要領が用いられている。

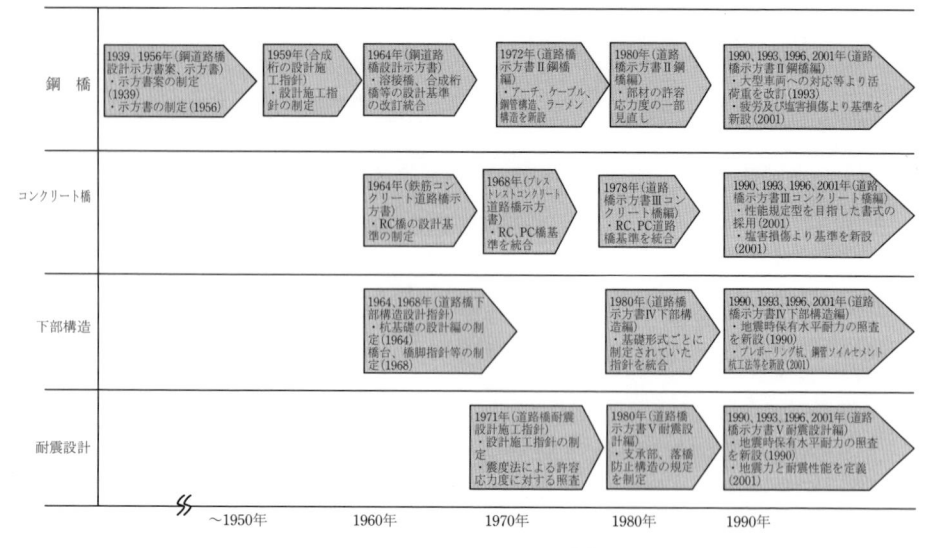

図 1-19 技術基準の変遷[※6]

1.5 維持管理計画の策定

（1） 維持管理計画を立案する期間

　道路構造物は、構造物ごとに寿命が異なるが、現在の設計では橋梁が 100 年と長い期間を有している。

　そのため、道路資産の維持管理計画を立案するためには、管理対象となる道路資産が持つ寿命の中で、どのように管理していくのかという管理方針を長期的な視点から策定しておくことが好ましい。

　なお、管理方針は、道路の使われ方や社会情勢の変化等に留意し、必要に応じて見直すこともある。

　次に、長期的な視点から立案した管理計画を実現するための具体的な計画を立案することとなる。

　具体的な計画は、必要な予算やおおむねの点検、補修補強の実施時期の予定を定め、管理者内での意識共有や予算管理者との調整に用いる。

　計画は、道路施設ごとの劣化進行の度合いや維持管理技術の新たな知見を勘案しながら、適宜見直していくことが望ましい。

　計画は今後の見通しであり、中期的なスパンで立案することが望ましく、その

年数は道路施設の現況を一通り把握できる期間の程度ととらえ、5年程度が望ましい。

（ここで、5年とは、国土交通省が定めた「橋梁定期点検要領（案）、平成16年3月、国土交通省 道路局 国道・防災課」に定められた点検間隔を参考としている。）

単年度における事業は、中期的な計画に基づき実施する。

道路施設の管理は、地震や豪雨による被災のような予期しづらいものや、実際の点検等による想定以上の劣化進行の発見など、不確定要素が多い。

そのため、単年度の事業実施に当たっては、現状を踏まえた弾力的な運用をせざるを得ないケースが出現する。

それゆえ、当該ケースの発生原因や対策並びに新たな知見を踏まえ、中期的な計画の見直しを行うことが望ましい。

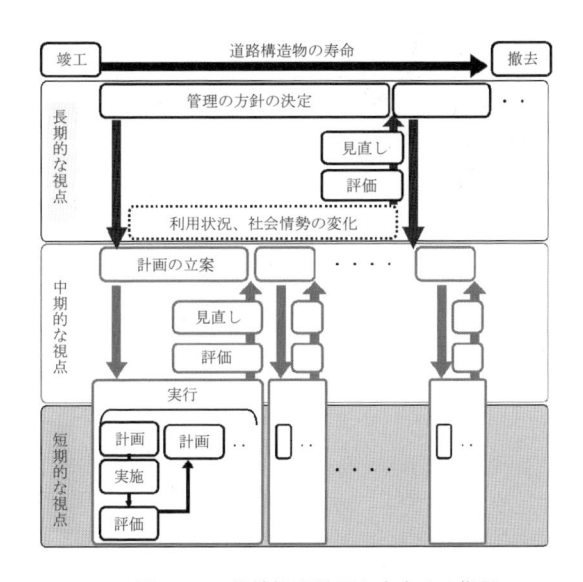

図1-20　維持管理計画を立案する期間

（2）　維持管理計画を立案する際のマクロな視点とミクロな視点

計画を立案する際には、全体を見渡すマクロな視点と、ある一部に着目するミクロな視点の両面から検討することが必要である。

道路の維持管理計画は、道路ネットワークの視点、道路構造物群の視点、個別の道路施設の視点、道路施設を構成する部材の視点といった異なる視点で判断し、

立案する必要がある。

橋梁を例にした場合の、それぞれの視点を以下に示す。

(a) 長期計画でのマクロな視点、ミクロな視点

長期計画の段階では、管理する道路をネットワークとしてとらえることがマクロな視点であり、個別の橋梁に着目してカテゴリーを分類し、管理方針を設定することがミクロな視点となる。

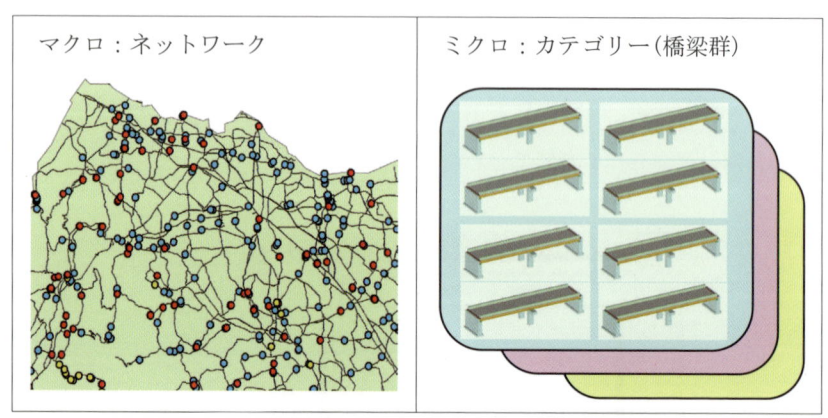

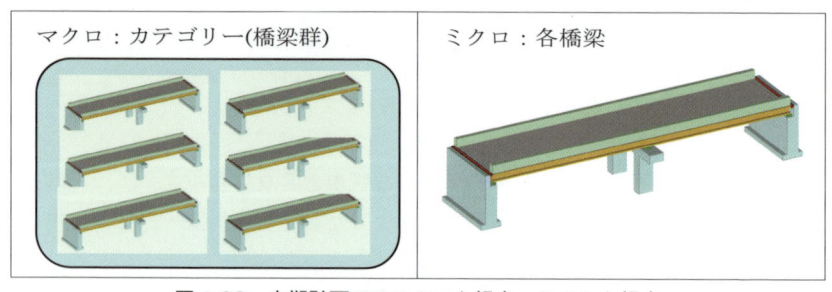

図1-21　長期計画でのマクロな視点、ミクロな視点

(b) 中期計画でのマクロな視点、ミクロな視点

中期計画の段階では、長期計画ではミクロな視点とされたカテゴリー別の橋梁群がマクロな視点となり、個別の橋梁の点検時期、補修補強時期の設定がミクロの視点となる。

図1-22　中期計画でのマクロな視点、ミクロな視点

(c) 単年度の事業計画（短期計画）でのマクロな視点、ミクロな視点

　単年度の事業計画では、中期計画ではミクロな視点とされた1つの橋梁がマクロな視点となり、橋梁を構成する各部材の劣化状況に応じた補修補強工法等の検討がミクロな視点となる。

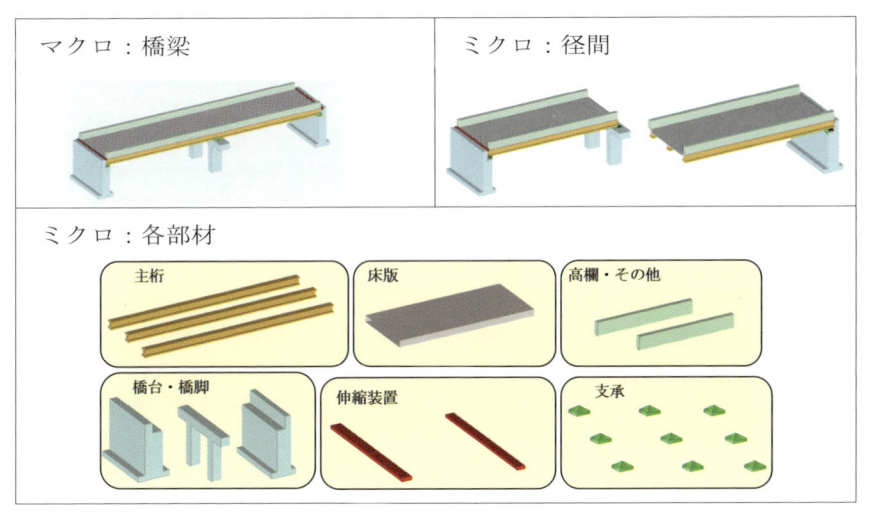

図1-23　短期計画でのマクロな視点、ミクロな視点

（3） 維持管理計画の策定フロー

維持管理の計画は、長期計画、中期計画、単年度の事業計画といった、3つの異なる期間を対象として立案する。

その3つの計画は、新設計画で言うところの整備方針の決定、概略・予備設計、詳細設計と施工、といった3段階のように、より大きな視点から具体的な視点へと変わっていく。

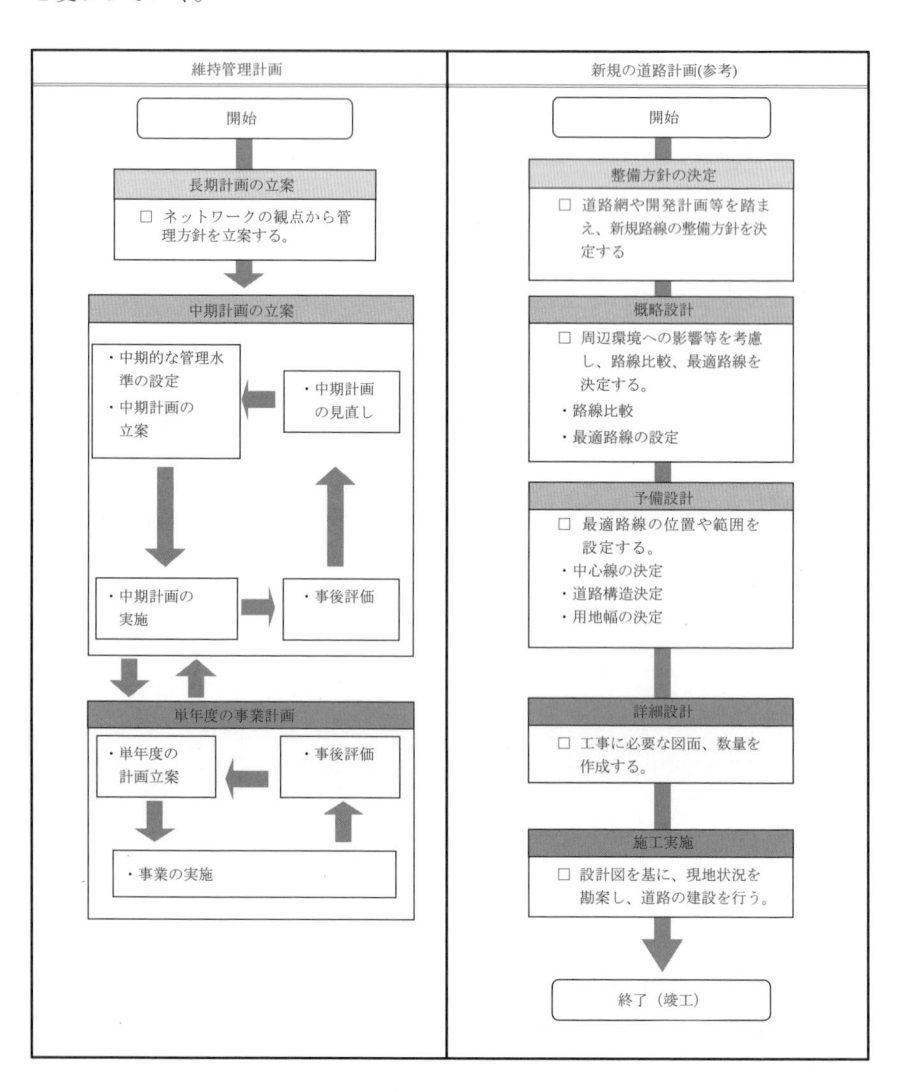

維持管理計画	新規の道路計画(参考)
開始	開始
長期計画の立案 □ ネットワークの観点から管理方針を立案する。	**整備方針の決定** □ 道路網や開発計画等を踏まえ、新規路線の整備方針を決定する
中期計画の立案 ・中期的な管理水準の設定 ・中期計画の立案　← ・中期計画の見直し	**概略設計** □ 周辺環境への影響等を考慮し、路線比較、最適路線を決定する。 ・路線比較 ・最適路線の設定
・中期計画の実施　→ ・事後評価	**予備設計** □ 最適路線の位置や範囲を設定する。 ・中心線の決定 ・道路構造決定 ・用地幅の決定
単年度の事業計画 ・単年度の計画立案　← ・事後評価	**詳細設計** □ 工事に必要な図面、数量を作成する。
・事業の実施	**施工実施** □ 設計図を基に、現地状況を勘案し、道路の建設を行う。
	終了（竣工）

(a) 長期計画

　道路ネットワークの視点から、管理している道路に求める機能を定め、管理の基本的な方針を定める計画である。

　道路には広域的な通行に用いられる道路や、地域内での移動に用いられる生活道路、細かな街路等、様々な道路がある。

　道路管理者は、管理している道路がどのように利用されており、その道路の通行機能が停止した際の国民生活への影響を考え、管理方針を立案することが望ましい。

(b) 中期計画

　長期計画で定めた管理方針を実現するため、必要な点検や補修補強の時期や予算を中期的に定めるものである。

　補修補強時期や予算を定めるためには、道路施設の将来の損傷程度を予測し、最適な対策を選定するライフサイクルコスト分析が必要となる。

(c) 単年度の事業計画（短期計画）

　中期計画に基づき、対策年度において具体的にどの月にどの期間実施するかを立案し、実際に事業を行うものである。

　年度内での事業は中期計画どおり行えることが望ましいが、突然の災害や新たに緊急対応が必要な道路施設が見つかることもあり、柔軟な対応と先送りした事業の次年度での確実な実施が必要である。

図1-24　災害により緊急対応が必要となった橋梁の例

(4) 管理瑕疵責任

道路管理者は「道路法第42条」の規定により、道路を常時良好な状態に保つように維持・修繕することが義務付けられている。

また「国家賠償法第2条により」道路の管理に瑕疵があった場合には、道路管理者は、賠償責任が生じる。

■ 道路法
第42条　道路管理者は、道路を常時良好な状態に保つように維持し、修繕し、もって一般交通に支障を及ぼさないように努めなければならない。

■ 国家賠償法
第2条　道路、河川その他の公の営造物の設置又は管理に瑕疵があったために他人に損害を生じたときは、国又は公共団体は、これを賠償する責に任ずる。
2　前項の場合において、他に損害の原因について責に任ずべき者があるときは、国又は公共団体は、これに対して求償権を有する。

「管理の瑕疵」とは、営造物（道路）の維持・修繕や保管に不完全な事項があることと考えられる。また「瑕疵」とは、営造物（道路）が本来備えるべき安全性を欠いている状況ととらえられる。

安全性を欠いているかの判断は、地理的条件や、道路構造、利用状況等の諸条件によって総合的、相対的に決定されることが過去の判例からいえる。

例えば、道路の穴ぼこの場合、交通量の多い道路と交通量の少ない砂利道に同規模で同程度の穴ぼこがあった場合、前者は瑕疵に該当するが、後者は瑕疵に該当しないということもある。

なお、過去の判例から、予算制約があり安全確保のための十分な設備や対策が行われない場合であっても、賠償責任は避けられない。

そのため、道路管理者は、諸条件から総合的に安全が確保されていないと判断した場合には、対策を行うことが必要である。

対策には、補修や補強といったハード整備以外にも、通行止めと迂回誘導というソフト的な対策もある。

予算制約のなか、補修補強の費用が確保できない場合は、対策対象となる道路の通行止めによる影響が小さいものであれば、通行止めも視野に入れた安全対策を講じていくことが必要である。

［第6章　6.2（4）　に参考事例を示す］

全面通行止めの状況	橋脚のコンクリート欠落状況

劣化により橋脚部のコンクリートが欠落し、路面の段差が生じているため、全面通行止めを実施している。

図1-25　通行止めにしている橋梁の例[※6]

トピック 　**都市公園における遊具の安全確保について**

　都市公園においては、平成13年までに遊具の事故が多発し、公園管理者の責任が問われた。

　国土交通省では、子供にとって安全な遊び場を確保するため、「都市公園における遊具の安全確保に関する指針」を定め、平成14年3月に公園管理者へ通知した。

　指針のほかには、解説書として「都市公園における遊具の安全確保に関する指針（解説版）、平成14年3月、国土交通省」が通知されているほか、「遊具の安全に関する規準、社団法人日本公園施設業協会」がある。

　国土交通省による指針は、「今後の都市公園の安全管理の参考」として通知されているため、法的な拘束力はないものの、「公園管理者の役割」「安全対策の考え方」について記載されている。

図1-26　遊具の破損状況（通知より抜粋）

　指針では、維持管理段階での安全対策として①点検手順に従った確実な安全点検、②発見されたハザードの適切な処理、③事故への対応、④事故に関する情報の収集と活用、について記載されており、そこでは「維持管理計画の策定と実行」「安全点検（製造・施工者が行う初期点検、公園管理者が行う日常点検及び定期点検、専門技術者が行う精密点検）の確実な実行」「事故が起きた時の関連機関への速やかな情報共有に向けた報告」が示されている。

　また、この指針は、「安全点検体制の強化」「老朽化遊具への対応方法の明確化」を目的に、改訂が予定されている。

　平成20年6月5日には、指針（改訂版（案））に関するパブリックコメントの募集がなされている。

1.6 本書の構成

　第2章から第5章は、維持管理について具体的に説明し、第6章では地方自治体における道路アセットマネジメントの取り組み事例を紹介している。
　また、本書には、道路橋の維持管理計画を策定するための簡易的なソフトや損傷記録方法を、付録として付けている。
　本書の構成と各章での主な内容を下図に示す。

```
ハンドブックの構成と主な内容
├─ 第1章 道路アセットマネジメントの概念
│    ├─ これからの道路管理のあるべき姿
│    └─ 本書におけるアセットマネジメントの定義
├─ 第2章 維持管理計画の理念
│    ├─ 目的・意義, 策定期間, 基本的考え方
│    └─ ネットワーク・管理方針の考え方
├─ 第3章 維持管理計画の立案と実施
│    ├─ 管理水準設定の考え方
│    └─ 優先順位の設定方法と評価方法
├─ 第4章 情報収集と活用
│    ├─ 必要なデータと使用目的
│    └─ 情報収集・集積の基本的な考え方
├─ 第5章 ライフサイクルコストの考え方
│    ├─ 劣化予測の方法, 費用の算出方法
│    └─ 道路施設の劣化要因と必要な対策工法
├─ 第6章 アセットマネジメントの取り組み事例
│    └─ 具体的な取り組み事例の紹介
└─ 第7章 付録
     ├─ 道路橋の中長期シミュレータ
     ├─ 損傷記録方法の提案
     └─ 橋梁基礎データ入力システム
```

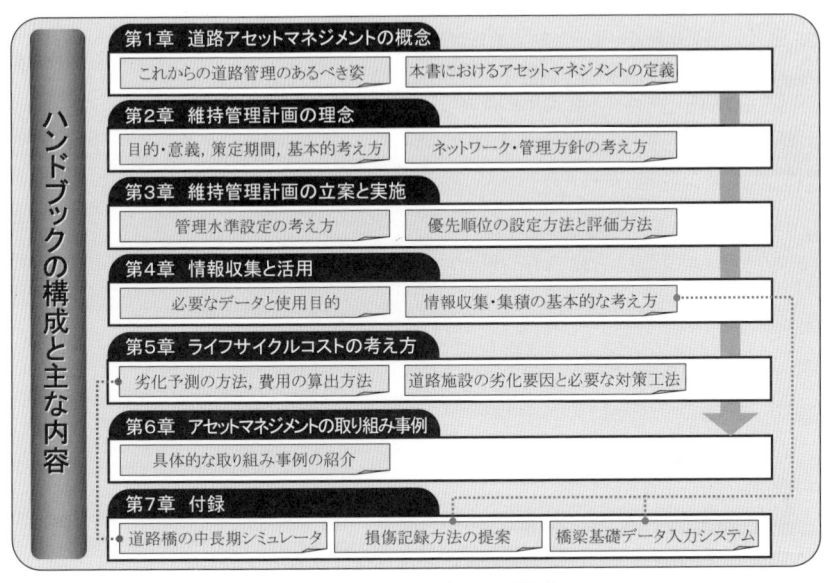

図1-27　ハンドブックの構成

【参考資料】

※ 1　国土交通省資料
※ 2　道路構造例の解説と運用、平成16年2月、(社)日本道路協会
※ 3　社会資本整備審議会 道路分科会、第22回基本政策部会資料
※ 4　総務省資料
※ 5　日本の将来推計人口（平成18年12月推計）、国立社会保障・人口問題研究所
※ 6　道路橋の予防保全に向けた有識者会議資料
※ 7　FHWAホームページ
※ 8　平成18年度 道路行政の達成報告書、平成19年度 道路行政の業績計画書
※ 9　道路構造物の今後の管理・更新等のあり方　提言
※ 10　長寿命化修繕計画策定事業費補助制度要綱
※ 11　米国の歴史：参考資料(6)より抜粋
※ 12　PIARCホームページより翻訳

第2章　維持管理計画の理念

　本章では、「維持管理計画をなぜ策定するのか」という点に着目し、主に維持管理計画の目的と意義、意思決定の流れなど、維持管理計画の理念を中心に述べる。

2.1　維持管理計画の目的と意義

　道路施設の維持管理は、道路の「安全性確保」と「サービス向上」を図り、道路ネットワーク機能を確保することを目的として行われ、維持管理計画は、維持管理事業の目標と期間、予算を設定し、事業の中長期的、短期的な具体の実施方法を明確にするために作成される。

(1)　維持管理計画を「策定」する目的

　維持管理計画を「策定」する目的は、維持管理事業の具体の実施方法を明確にするとともに、納税者である道路利用者や住民へ、維持修繕事業等の内容を説明し、アカウンタビリティを向上させること、維持管理を計画的かつ継続的に実施していくことであるといえる。
　具体的には、次の①〜④の4項目の実現を目指す。
　①　納税者への明確な説明
　　　維持管理に必要な予算とその効果を明確にすることにより、納税者に対して、なぜ維持管理に予算が必要であるかを説明する。
　②　道路管理者内部への説明
　　　維持管理に必要な予算、期間、事業の内容を明確にし、新設事業等も含めた道路事業の中での合理的な予算配分、および計画に基づく効率的な事業の実施を図る。
　③　個別の維持修繕工事（現場）における説明
　　　維持修繕工事等の現場において、当該工事（舗装補修等の路上工事等）を行

うことにより中長期的に得られる効用（走行性の改善、事故率の減少等）をアウトカムの視点で説明し、道路利用者・沿道住民等への説明を明確にする。

④　維持管理の継続的な実施

いったん決定した計画に対して、その執行状況を定期的（毎年等）に評価、継続的な見直しを行い、より効率的・効果的な事業実施を目指さなければならない。毎年の管理計画の実施状況を把握・評価して、管理のPDCAサイクル（事業計画→実施→評価→見直し）を継続的に回していくことが重要である（図2-1 参照）。

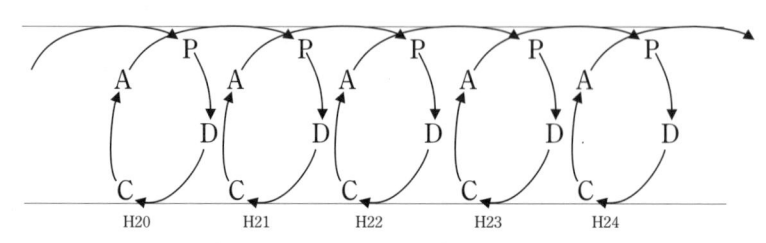

図 2-1　管理の PDCA サイクル（継続的に回していく）

①～③に関して、今後の維持管理計画策定における予算の見積もり、予算の執行、予算の説明の各段階との関連を**表 2-1** に示す。

表 2-1　予算の設定とその目的

目　的	計画の段階	内　容
①納税者への対応	予算の見積もり	予算要求、必要性の説明 (WHY, WHAT)
②管理者内部での対応	予算の執行	予算の合理的配分、効率的事業実施 (WHAT, WHERE, WHEN)
③利用者・住民への対応	予算の説明	事業内容説明、情報提供 (WHY, HOW)

（2）　維持管理計画の目的

道路維持管理計画の目的は先に述べたように、道路の「安全性確保」と「サービス向上」を図るため、維持管理事業の目標と期間、予算を設定して、事業の具体の実施方法を明確にすることである。維持管理計画において、道路ネットワーク機能を確保するために、今後いかなる維持修繕等が必要かを明示することが重要である。

具体的には、社会経済活動の基幹となる広域幹線ネットワークや地域の日常の暮らしを支えるためのネットワーク等を効率的に管理することなどである。次節**（3）** に、道路ネットワークの考え方と求められる機能について述べる。

(3) 道路ネットワークの考え方と求められる機能

　道路施設は、道路ネットワーク上に点・線・面として個別に存在するものであるが、道路施設が劣化して通行規制が実施されると、道路ネットワーク全体に影響を及ぼすことになる。道路施設の維持管理においては、ネットワーク機能確保の観点から計画を立てることが大事である。損傷などが原因で早急に対策を講じる必要が生じた場合、通行止めして対応できる道路と、通行止めが困難な道路のように、道路それぞれに求められる機能が異なることを念頭に置いて管理方針を立てることが重要である。

　長期的な維持管理計画は、「道路施設を道路網に与える影響を考え、ネットワークとしてとらえる必要がある」という観点に立つと、管理施設をカテゴリーに分類することができる。

　道路ネットワークは、(a)〜(d)の4つに分類される。
- (a) 広域幹線ネットワーク
- (b) 拠点連絡ネットワーク
- (c) 生活・産業確保ネットワーク
- (d) 日常生活基盤ネットワーク

　それぞれのネットワークが必要とする機能を満足するような管理水準を設定し、管理水準を達成するための「管理の大枠・基本的な考え方」として、管理方針が設定される。4つのネットワークの特性を以下に示す。

(a) 広域幹線ネットワーク

　広域的な連携や交流を支える基幹となるネットワークであり、交通量が多く社会的な重要性の高い道路により構成される。

　したがって、安定した交通を確保し、社会的影響を最小限とすることが求められる。

　機能を確保するための管理水準は、交通容量の低下を避けることであり、具体的には通行規制を最小限に抑えることである。

(b) 拠点連絡ネットワーク

　地域の拠点となる施設等と広域幹線ネットワークを連結するネットワークであり、通行途絶が地域社会に非常に大きい影響を与える道路から構成される。

　したがって、交通規制は許容するものの、車線は減じても常に通行は確保し、拠点等との連絡を途絶えさせないことが求められる。

　機能を確保するための管理水準は、通行途絶を避けることであり、具体的には

片側交互通行は確保することである。

(c) 生活・産業確保ネットワーク

地域社会における日常生活の基盤となる生活幹線道路ネットワークであり、通勤や通院などの日常の暮らしを支える生活圏の中心部の道路や、救急活動に不可欠な地域内の道路網から構成される。

したがって、道路の立地条件や交通量により、通行規制を最小限にしなければならない場合や、通行止めして更新してよい場合などが混在する。

(d) 日常生活基盤ネットワーク

(a)、(b)、(c) に該当しないその他のネットワークであり、通行途絶が生じても代替道路が多数存在するため社会的な影響が少ない道路である。

したがって、全面通行止めをして更新による通行途絶とともに、大型車の通行規制等の機能低下も許容することができる場合が多い。

表 2-2 に 4 つのネットワークの特性を考慮した管理の考え方を示す。

第2章　維持管理計画の理念　35

表2-2　道路ネットワークを考慮した管理方針の設定例

カテゴリー	ネットワークの種類	対象道路	機能	通行規制レベル
A	広域幹線ネットワーク	広域連携、広域交流を支える基幹となるものであり、隣接する県を結ぶ道路と、それを補完する道路	修繕工事時においても常時の交通量を確保	通行規制なし
B	拠点連絡ネットワーク	地域拠点の連携、交流を支える道路であり、広域幹線ネットワークと、市町村役場や地域拠点病院、警察署、大規模工業団地や観光地等、地域の拠点となる施設を連絡する道路	修繕工事時に片側交互通行は確保	一時的な通行規制可
C	生活・産業確保ネットワーク	地域社会における日常生活の基盤となる生活幹線道路	道路機能の確保	長期的な通行規制可
D	日常生活基盤ネットワーク	市町村における生活道路等	道路機能の確保	長期的な通行規制可

2.2 管理方針と管理水準の基本的な考え方

(1) 管理方針の設定

管理方針は、下記のア）〜ウ）の観点を踏まえて設定することができる。

ア）ネットワークの観点からは、
① 通行規制を伴うような大規模な工事とならないように比較的小規模な補修をこまめに行う必要がある場合や、
② ある程度の通行規制は許されるので損傷が進行してから大規模な補修を行うことができる場合、
③ 寿命が来るまで使い切り、全面通行止めして橋を架け替えるなど、施設の更新ができる場合など、

求められる機能によって管理の考え方が異なることに留意する。

イ）ネットワーク以外の観点からは、
① 跨線橋・跨道橋のような第三者被害の影響のある施設
② FCM（Fracture Critical Members）[注] を有する橋梁
　注）FCM：その部材の欠陥が橋梁の一部崩壊または全崩壊を引き起こす恐れのあるもの
③ 市道レベルでも交通量が多い場合、

など、個々の施設を管理する上で考慮すべき事項に留意する。

ウ）ライフサイクルコストなど、経済性の観点からは、
　　その施設が供用されてから更新されるまでの長期的な視野に立ったコスト縮減を考慮するとともに予算制約等も考慮する。

　管理方針の決定においては、従来のライフサイクルコスト縮減だけではなく、ネットワークに求められる機能という視点や個々の施設で考慮すべき事項も入れることによって、維持管理にメリハリをつけることができる。
　ア）からウ）を総合的に勘案して、管理の基本方針を設定する場合、管理の基本方針を、例えば「予防保全型」「事後保全型」「巡回監視型」の3つの基本的な管理パターンに分けて整理すると、それぞれの定義は以下のように示すことができる。

「予防保全型」

点検に基づき損傷が軽微な段階で、小規模な補修工事を短いサイクルで行うなど、施設が致命的な損傷を受ける前に適切な対策を実施する。

また、コンクリート構造物の表面保護工などでは、損傷が生じる前に対策を実施する場合もある。

橋梁の床版補修を例にとると、定期点検で軽微なひび割れが確認できた時点で、通行規制を伴わない桁下から補修が可能である炭素繊維接着工法等による対策を行う。

「事後保全型」：

損傷がある程度進行した段階で補修工事を行うなど、施設が要求される機能を喪失した時点、あるいは喪失する直前に対策を実施する。

橋梁の床版補修を例にとると、ひび割れの劣化がある程度進んだ段階で、通行規制を伴う上面増厚や打換え工法等による対策を行う。

「巡回監視型」：

損傷が深刻化した後、大規模補修や更新が必要になってから対策を実施する。

幹線道路以外の市町村道における橋長 15m 未満の橋梁を例にとると、工事に伴う社会的影響は少ないため、重量制限や用途変更などを逐次行うことで継続的に供用し、架替えが必要となってから全面通行止めをして更新する。

巡回監視型では、対策を実施せずに、大型車通行の重量規制や車道橋の車両通行禁止を行い歩道橋として使用する用途変更などのスペックダウン型の管理も含まれる。

(2) 管理水準の設定

道路施設を管理していく上で、施設の経過年と施設の健全性に関して、「予防保全型」「事後保全型」「巡回監視型」を考慮した管理水準の設定方法について図 2-2 に示す。

図 2-2 に示すように、道路施設は、経年に従い健全性が低下する。管理計画の立案に当たって、道路ネットワークの重要性等を考慮したサービス水準を維持するために、各ネットワークに必要とされる管理水準を下回らないような対策を実施する必要がある。

管理水準とは、施設の状態が道路管理者、利用者および第三者にどのような安全に対する影響またはサービスを与えるかという観点から設定した管理上目指すべき目標である。また、管理水準の設定とは、「水準を測るものさし」と「具体的な目標値」を設定することである（3章の表 3-1 参照）。

図 2-2 管理水準の設定

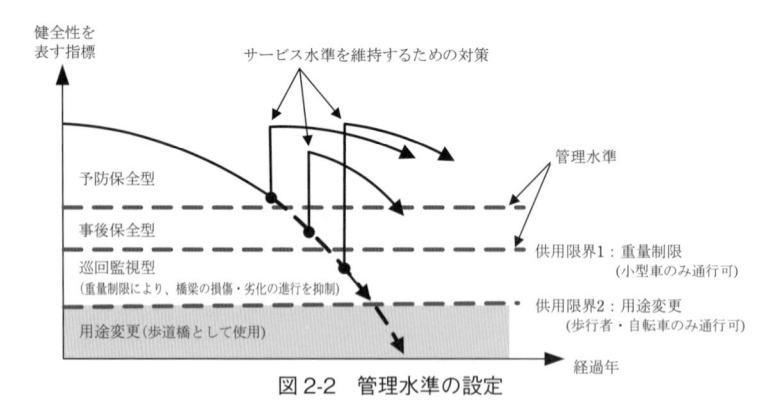

2.3 維持管理計画の構成

維持管理計画は、複数の関係部局において、それぞれ必要とされる段階で策定されるが、その全体構成は、(1)～(3)の3つの軸で整理される。
- **(1)** 上位計画、地域レベルの計画、個別事業レベルの計画で構成される意思決定の三層構造の軸（図2-3）
- **(2)** ①ニーズの把握→②計画策定→③事業実施→④事後評価といった事業の進捗に伴う時間軸（図2-3）
- **(3)** 長期計画・中期計画・短期計画という計画フレームの軸（図2-4）

以下、(1)～(3)について説明する。

(1) 上位計画、地域レベルの計画、個別事業レベルの計画で構成される意思決定の三層構造の軸

維持管理計画の立案に当たっては、ⓐ上位計画、ⓑ地域レベルの計画、ⓒ個別事業レベルの計画の3段階のそれぞれにおいて意思決定が行われる。それぞれのレベルの計画段階において定量化した指標を用いた目標設定を行う（図2-3）。
- ⓐ 上位計画：国、県・市町村等の行政単位の機関が立案する計画
- ⓑ 地域レベルの計画：上位計画が国であれば地方ブロック単位、上位計画が県、市町村等であればブロック単位、あるいは路線単位の計画
- ⓒ 個別事業レベルの計画：事業実施レベルの計画

ⓐ上位計画～ⓑ地域レベルの計画～ⓒ個別事業レベルの計画の各段階を通して、一貫した目標設定を行うことが重要である。一貫した目標設定を行うためには、従前の維持管理における何をどれだけ実施したかというアウトプットの視点ではなく、道路利用者や納税者にわかりやすい指標等でアウトカムを表現し、意思決定することが求められる。

例えば、個別の舗装補修工事等が中長期的には事故率の減少（アウトカム）等を目指していることを明確にすることが必要である。

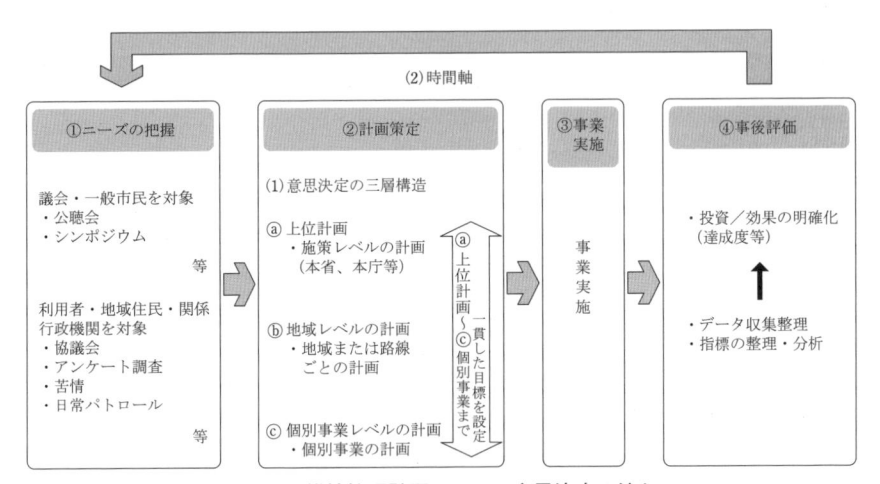

図2-3 維持管理計画における意思決定の流れ

（2） 事業の進捗に伴う時間軸

維持管理計画は、①ニーズの把握→②計画策定→③事業実施→④事後評価→①ニーズの把握、といった事業の進捗に伴う時間軸によるサイクルで回しながら作成する。

①ニーズの把握においては、議会・一般市民を対象として公聴会、シンポジウム、利用者・地域住民等を対象とした協議会、アンケート調査等を実施する。②計画策定は、前項（1）で示したような意思決定の三層構造により構成され、③事業実施した後の④事後評価では、指標を用いた分析を行い、投資効果等を明確にし、必要に応じて計画の見直しを行う。

（3） 長期・中期・短期計画の計画フレームの軸

道路施設は長期間使うものであり、維持管理は供用期間のサービスを提供するものであるから、長い時間軸で維持管理を検討する必要がある。

長期計画は期間が長く不確定要素が多いことから、短期計画との橋渡しとして長期計画の実現可能性をチェックし、短期計画に対して具体的な実践方法を提供する中期計画を立案する必要がある。

維持管理計画を期間の長短から、長期、中期、短期に分けて、以下に示す。

(a) 長期計画

長期計画策定の目的は、利用者ニーズを反映させ、長期的な視点に立ち、道路ネットワーク全体としての安全確保のための管理方法、サービスのレベルなどの基本的な方針を示すことにある。

長期計画では、道路ネットワーク機能確保の観点から、**表2-2**に示した4つのカテゴリーA, B, C, Dに分類し、それぞれのカテゴリーの管理方針を決定することが重要である。また、長期計画では、道路施設の更新時期（橋の架替え等）も考慮した長期の概算事業量を推計し、今後老朽化する道路施設が増えることに対する計画的な維持管理の必要性を納税者に説明することも重要である。

ネットワークの観点から管理方針を立案し、適切な業績指標を用いて、戦略的な目標を設定し、管理に役立てるとともに、道路利用者・市民への説明も行う。したがって、長期計画は、（1）における⒜上位計画に相当するといえる。

(b) 中期計画

中期計画は、維持修繕の対象となる道路施設を抽出し、計画期間（5年程度）の実施リストを作成するとともに計画期間の必要費用を推計し、計画を実施することの効果を確認する。

また、短期のレベルでは当初計画していた事業が実施できず、設定していた管理水準が達成できないことも起こり得る。このため、中期のレベルでは、中期計画による事業実施後、事業の達成状況を事後評価し、中期計画を5年程度のサイクルで見直して予算や管理水準の再設定を行い、次期の中期計画に反映させる。

図2-4【中期のレベル】に示すように、中期的な管理水準の設定・中期計画の立案→中期計画の実施→事後評価→中期計画の見直し検討、というサイクルを回しながら進める。ここで、中期的な管理水準の設定例として、管内の要対策橋梁の割合を○％減少、橋梁の耐荷力対策（25t対応）実施済みの橋梁の割合を○％向上、などが挙げられる。

(c) 短期計画

短期計画は、中期計画に基づく事業を具体的に実施することを目的とする。

これにより、道路利用者に対して、維持修繕の内容が説明できるとともに、いつ、どこで、どのような事業を実施するのかという工事情報を提供することができる。

短期計画は、（１）におけるⓒ個別事業レベルの計画に相当する。

短期計画においては、
① 中期計画どおりに事業が実施されたことを確認するとともに、
② 現場で計画どおりに実施できなかった事項についても記録しておく。
③ やむを得ない事情で予定していた事業が計画どおり実施できなく先送りされた場合は、事後評価は行うが、短期のサイクルの中での見直しは行わない。
④ ただし、重大な損傷が見つかった場合や災害時などで、緊急に対応すべき事態が発生した場合は、中期レベルと短期のやりとりの中で見直す場合がある。

短期のサイクルは、図 2-4【短期のレベル】に示すように、緊急対応にも対応しながら、おおむね１年程度で PDC のサイクルを繰り返す。

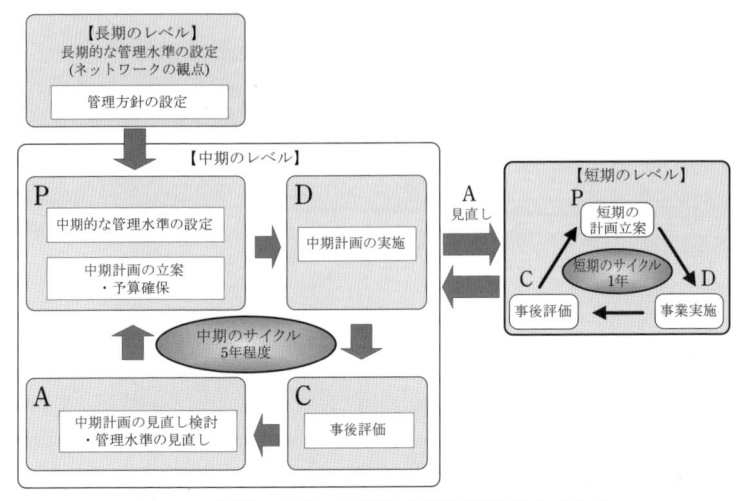

図 2-4 長期・中期・短期の維持管理計画サイクル

長期、中期、短期の維持管理計画を表 2-3 で整理する。

各レベルの計画期間については、長期計画の期間は 30 ～ 50 年程度、中期計画の期間は 5 年程度を一般的な目安として設定できる。

表 2-3　長期・中期・短期の維持管理計画

	長期の維持管理計画	中期の維持管理計画	短期の維持管理計画
実施内容	○道路のネットワーク機能に応じたカテゴリー分けを行い、各カテゴリーの特性を踏まえた管理方針の設定を行う。	○道路の管理水準を設定し、必要な維持管理事業費を推計する。 ○全体予算、地域バランスを考慮し、中長期的なシミュレーションに基づき予算要求、予算配分を行う。	○管理水準を満たすための短期計画を策定・予算要求し、決定された予算内で点検・対策実施・データ蓄積などを行う。 ○毎年、事業の進捗管理を行う。
計画期間	30〜50年程度	5年程度	1年
見直しサイクル	道路種別変更等のタイミングで、管理方針等を見直す。	5年程度で事業評価を行い、管理水準等を見直す。	毎年計画の策定を行うが、管理水準の見直しはしない。
計画主体	本庁	本庁	事務所

2.4　顧客志向・成果志向の維持管理計画

(1) 指標による説明

2.3 (1) で述べたように、今後の維持管理では、従前の維持管理における何をどれだけ実施したかというアウトプットの視点ではなく、道路利用者や納税者にわかりやすい指標等でアウトカムを表現し、意思決定することが求められる。

維持管理計画の策定とその達成度をモニタリング（業績測定）するために、業績指標を設定して、その効果を確認する。業績指標とは、「道路の果たす機能に着目して、機能を発揮している度合いを数値で表したもの」であり、その特性から次の2つに分けて整理される。

① 　サービス指標：道路利用者・住民の視点に立った指標
　　道路利用者・住民などのニーズを反映し、道路利用者・住民の受ける効果（サービス）を示す指標
② 　管理指標：道路管理者の視点に立った指標
　　道路管理者が施設の状態等を専門的に把握・評価するための指標

2つの指標の特徴とそのメリット・留意点を表 2-4 に示す。

[第6章　6.1（6）に参考事例を示す]

表2-4 サービス指標と管理指標の特徴とメリット・留意点

指標分類		サービス指標	管理指標
評価主体		道路利用者/沿道住民/地域社会全体	道路管理者
評価対象		・道路利用者の視点に立脚した機能	・道路管理者の視点に立脚した機能
特徴		・道路維持管理の結果、道路利用者が受ける効果(サービス)で表現	・道路施設の健全度、交通の状況、道路管理の頻度等で表現
指標(例)	快適性	・乗り心地の満足度*	・舗装:わだち掘れ、平坦性
		・景観などの満足度* ・ゴミの少なさ、清潔さの満足度*など	・日常管理:緑化率、巡回回数など
	通行確保	・常時/災害時の通行可否	・橋梁:健全度指標(HI) ・トンネル:点検ランク、漏水箇所数
	定時性	・旅行速度、所要時間、渋滞長	・交通:混雑度、飽和度
		・雪寒地の旅行速度	・積雪深、除雪頻度
	安全性	・死傷事故率	・事故危険箇所の対策数
	周辺環境	・夜間騒音限度達成率、振動値、NOx(窒素酸化物)、SPM(浮遊粒子状物質)	・騒音対策延長
メリット		・国民や道路利用者が実感できる指標であるため、わかりやすい。	・具体的な管理項目であるため、管理者が設定しやすい。
留意点		・満足度等の指標(上記*)に関して、経済的価値に換算する場合は、仮想的市場評価法(CVM:Contingent Valuation Method)等を用いる。	・専門的な用語を用いる場合が多く、専門知識を持たないとわかりにくい。

表2-4における満足度等の指標に関して、経済的価値に換算する場合は、仮想的市場評価法(CVM:Contingent Valuation Method)等を用いる。

「道路投資の評価に関する指針(案)第2編 総合評価」では、これら非市場的価値に関する効果項目と適用可能と考えられる代表的手法を表2-5のとおり整理している。同表から、いずれの項目に対してもCVMが活用できることがわかる。

表 2-5 非市場的価値に関する効果項目と適用可能と考えられる代表的手法[※1]

大項目		中項目	小項目	代表的手法
利用者	道路利用効果	走行快適性の向上	疲労の軽減	・CVM
			道路からの景観創出	
		走行の安全性・快適性の向上	歩行の安全性向上	
			歩行の快適性向上	
沿道および地域社会	環境効果	景観	周辺との調和	・旅行費用法 ・ヘドニック法 ・CVM
			新たな地域景観の創出	
		生態系	沿道地域生態系への影響	・代替法 ・CVM
			希少種への影響	
			土壌・水環境・地形への影響	
	住民生活効果	道路空間の利用	ライフライン等の収容	・代替法 ・CVM
			防災空間の提供	
			土地利用への影響	・ヘドニック法 ・CVM
		災害時の代替路確保	災害時交通機能の確保	・代替法 ・CVM
			人的物的被害の低減	・CVM
		生活機会、交流機会の拡大	レクリエーション施設へのアクセス向上	・旅行費用法 ・CVM
			交流人口の増大	・CVM
			幹線交通アクセス向上	
		公共サービスの向上	公共施設・生活利便施設へのアクセス向上	
			緊急施設へのアクセス向上	
			公共交通の充実	

CVM とは、財の内容を説明した上で、その価値を増大させるために費用を支払う必要がある場合に、個人や世帯が支払ってもよいと考える金額（支払意思額（Willingness to Pay:WTP）、あるいはその財が悪化してしまった場合に、悪化しなかった場合の便益を補償してもらうのに必要な補償金額（受取補償額（Willingness to Accept:WTA）を直接的に質問する方法であり、下式で便益を算定する。

$$便益 = 計測したWTP \times 集計世帯数 \times 評価期間$$

CVM の実施手順は図 2-5 のとおりであり、本格的な調査を実施する場合には、「事前調査」と「本調査」の 2 段階の調査を実施する。
　アンケートは図 2-6 に示すように「調査に関する説明等」「対象財に対する意識」「事業に対する支払意思額」「支払意思額に関する判断理由」「回答者の属性等」の 5 つのパートを含む。

第2章 維持管理計画の理念

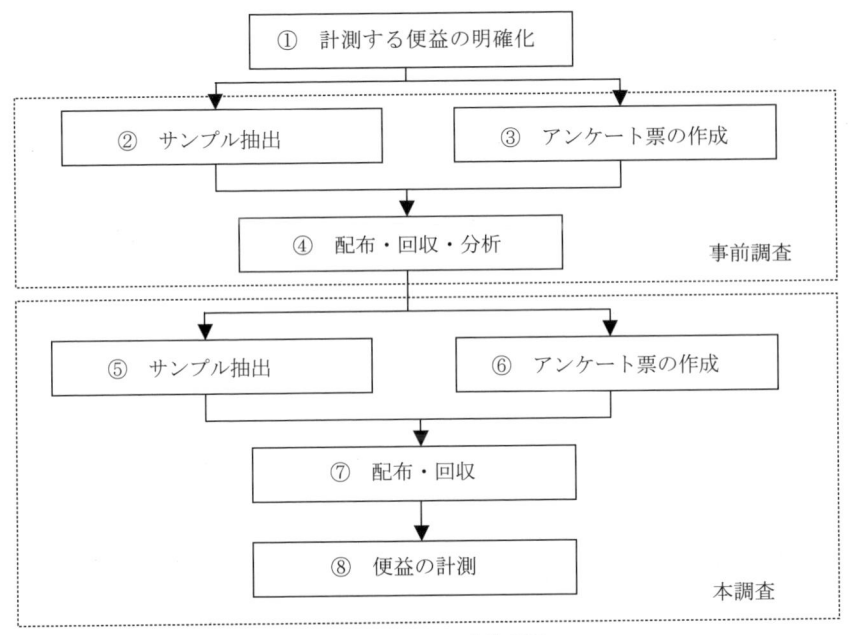

```
         ┌─────────────────────┐
         │ ① 計測する便益の明確化 │
         └──────────┬──────────┘
    ┌───────────────┴───────────────┐
┌───┴──────────┐              ┌─────┴──────────┐
│ ② サンプル抽出 │              │ ③ アンケート票の作成 │
└───┬──────────┘              └─────┬──────────┘
    └───────────────┬───────────────┘
         ┌──────────┴──────────┐
         │ ④ 配布・回収・分析    │          事前調査
         └──────────┬──────────┘
    ┌───────────────┴───────────────┐
┌───┴──────────┐              ┌─────┴──────────┐
│ ⑤ サンプル抽出 │              │ ⑥ アンケート票の作成 │
└───┬──────────┘              └─────┬──────────┘
    └───────────────┬───────────────┘
         ┌──────────┴──────────┐
         │ ⑦ 配布・回収         │
         └──────────┬──────────┘
         ┌──────────┴──────────┐
         │ ⑧ 便益の計測         │          本調査
         └─────────────────────┘
```

図 2-5　CVM の実施手順

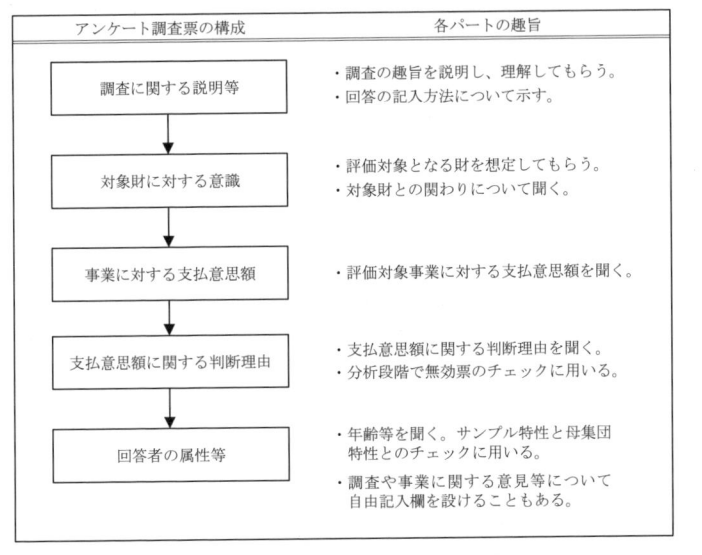

アンケート調査票の構成	各パートの趣旨
調査に関する説明等	・調査の趣旨を説明し、理解してもらう。 ・回答の記入方法について示す。
対象財に対する意識	・評価対象となる財を想定してもらう。 ・対象財との関わりについて聞く。
事業に対する支払意思額	・評価対象事業に対する支払意思額を聞く。
支払意思額に関する判断理由	・支払意思額に関する判断理由を聞く。 ・分析段階で無効票のチェックに用いる。
回答者の属性等	・年齢等を聞く。サンプル特性と母集団特性とのチェックに用いる。 ・調査や事業に関する意見等について自由記入欄を設けることもある。

図 2-6　アンケートの一般的な構成

（2） 指標の算出方法

　顧客志向・成果志向の維持管理を実現するために、道路利用者や納税者にわかりやすい指標等でアウトカムを表現し、上位レベルの政策から現場レベルの事業までをアウトカムの視点から一貫性のある指標等を用いて意思決定することが求められる。

　2.3（1）にて説明した、ⓐ上位計画、ⓑ地域レベルの計画、ⓒ個別事業レベルの計画における具体的な事業の例とサービス指標・管理指標を用いた効果の算出方法を安全性、走行性、耐荷性に分けて以下に示す。

（a）安全性向上の例

　表 2-6 は、道路構造物の修繕工事等による安全性向上の例である。個別橋梁の修繕工事が地域の安全性向上、県内全体での安全・安心の向上に結びついている。指標の計測は次のような方法による。
- ・構造物保全率[注1]：(式1)による。橋梁には単純桁、多径間など多様な形式（橋長）があるため、事業の進捗を橋梁延長ベースで算定。
- ・橋梁の健全度指標[注2]：橋梁定期点検結果による損傷状況、耐震性、耐荷性等に着目して算出。

表2-6　道路構造物の修繕工事等による安全性向上の例

計画のレベル	指標の例		指標の計測・公表方法
	サービス指標	管理指標	
上位計画	県全体の要対策橋梁数[注3]	構造物保全率[注1] 構造物の健全度指標[注2]（県または市全体）	・県全体の構造物保全率を算定 　または ・各道路ネットワークにおける要対策橋梁数（地図上にカラー表示等）
地域レベルの計画	地域の要対策橋梁数	構造物保全率 構造物の健全度指標[注2] （地域内）	・事務所管内の構造物保全率を算定 ・各道路ネットワークにおける要対策橋梁数
個別事業レベルの計画	—[注5]	対策区分C[注4]の有無または 橋梁の健全度指標[注2]	・各橋梁の健全度指標を算定
個別事業	・重要なネットワーク上に位置する橋梁のうち、速やかに補修する必要のある橋梁に対して順次、修繕を実施 ・孤立集落の発生する懸念のある橋梁について必要な補強対策を実施　等		

注1　構造物保全率　＝　L1／L2　……（式1）
　　　ここに、L1：今後5年間程度は通行規制や重量制限の必要がない段階[注6]で、予防的修繕[注7]が行われている橋梁延長
　　　　　　L2：全管理橋梁の総延長
　　　注6：「今後5年間程度は通行規制や重量制限の必要がない段階」とは、橋梁定期点検（1回／5年）における「速やかに補修する必要がある」との判定とならない段階。
　　　注7：「予防的修繕」とは、劣化が進行して構造物に大きな損傷を発生させる前に適切な修繕を行うことを指す。
注2　健全度指標：構造物の健全度を各部材の健全性と重み係数から算定する指標
注3　要対策橋梁：橋梁定期点検により、「速やかに補修する必要がある」と判断される橋梁
注4　対策区分C：橋梁定期点検により、「速やかに補修する必要がある」と判断される状態
注5　サービス指標は、主に道路利用者・住民への説明に用いられる。上位計画・地域レベルの計画では、サービス指標に該当する指標があるが、個別事業レベルでは該当する指標のない場合がある。

(b) 走行性向上の例

表2-7は、舗装補修による走行性向上の例である。個別路線の舗装補修工事が地域の事故率の改善、県内全体での走行性向上による社会的便益の向上等に結びついている。
　指標の計測は次の方法による。
　・道路利用者満足度：アンケート調査、CVM（仮想的市場評価法）
　・舗装の点検調査：路面性状測定（わだち掘れ量、ひび割れ率等）
　　　　　　　　　　損傷写真集を用いた簡易点検

(c) 耐荷性向上の例

表2-8は、道路構造物の耐荷性向上事業による25t対応ネットワーク整備延長向上の例である。個別橋梁の耐荷力向上対策工事が県内全体での物流の効率化に結びついている。耐荷力向上対策のための構造的な補強が、長寿命化修繕に寄与する、という副次的な効果も期待できる。
　指標の計測は次のような方法による。
　・25t対応（B活荷重対策）すべき橋梁の整備延長の割合

表 2-7 舗装補修による走行性向上の例

計画の レベル	指標の例		指標の計測・公表方法
	サービス指標	管理指標	
上位計画	・路面に起因する事故率（県または市全体） ・道路利用者満足度（県または市全体） ・走行性向上による社会的便益	—注8	・各地域の路面性状調査結果の集計 ・道路利用者の満足度をアンケート調査 ・CVM（仮想的市場評価法）により、走行快適性の原単位を調査 ケース1：わだちがあり走行性悪い ケース2：平坦で快適な走行が可能 　→　ケース2の支払意思額を調査　等
地域レベルの計画	・路面に起因する事故率（地域内） ・地域の道路利用者満足度	—注8	
個別事業レベルの計画	・個別路線の道路利用者満足度	・個別路線のわだち掘れ量、ひび割れ率	・路面性状調査による測定（わだち掘れ量、ひび割れ率等） ・損傷写真集を用いた簡易点検（舗装の健全度） ・道路利用者の満足度をアンケート調査
個別事業	・速やかに補修する必要のある箇所に対して順次、舗装補修を実施　等		

表 2-8 道路構造物の耐荷性向上による物流効率化の例

計画の レベル	指標の例		指標の計測・公表方法
	サービス指標	管理指標	
上位計画	・25t対応済みの橋梁の整備延長の割合（県または市全体）	—注8	・県全体での25t対応済みの橋梁の整備延長の割合を算定
地域レベルの計画	・25t対応済みの橋梁の整備延長の割合（県または市全体）	—注8	・県全体での25t対応済みのネットワークを地図上にカラー表示
個別事業レベルの計画	・対象橋梁の25t対応実施済みの有無	・対策区分Cの有無	・個別橋梁の耐荷力照査により、25t対応の必要性を検討
個別事業	・重要なネットワーク上に位置する橋梁のうち、B活荷重対応未実施の橋梁に対して順次、補強対策を実施　等		

注8　管理指標は、主に道路管理者が施設の状態を専門的に把握・評価するための指標である。個別事業レベルでは管理指標に該当する指標があるが、上位計画・地域レベルの計画では該当する指標のない場合がある。

トピック 　　　**従前の維持管理と今後の維持管理**

■21世紀における国民健康づくり運動（健康日本21）と道路の維持管理について
～厚生科学審議会地域保健健康増進栄養部会：平成19年9月中間報告書より～
　　　　　　http://www.mhlw.go.jp/shingi/2007/04/dl/s0423-10e.pdf

　わが国の平均寿命は、戦後の国民の生活環境の改善、医学の進歩により、急速に延伸し、世界有数の長寿国となっている。しかし、人口の急速な高齢化とともに、生活習慣病およびこれに起因する寝たきり等の要介護状態等になる者の増加等が深刻な社会問題となっている。

　人口の高齢化および疾病構造の変化を勘案すれば、活力ある社会にしていくために、従来の疾病予防の中心であった「二次予防」や「三次予防」にとどまらず、「一次予防」に重点を置いた対策を強力に推進すべきとされている。

　ここに、
　一次予防：生活習慣を改善して健康を増進し、生活習慣病等を予防すること
　二次予防：健康診査等による早期発見・早期治療
　三次予防：疾病が発症した後、必要な治療を受け、機能の維持・回復を図ること

　　　　　　　　　　　　　　　　　　　　'健康日本21' ホームページ
　　　http://www.kenkounippon21.gr.jp/kenkounippon21/about/tsuuchibun/e-1.html

　道路維持管理においても、従前は損傷が発生し重大になってから対応する対症療法型であり、中長期的な補修・更新費等が増大し、かつリスクも高まる可能性が大きい。今後は、予防医学の概念を取り入れたリスク軽減型の管理を推進していくことが効果的かつ効率的と考えられる。

　橋梁の維持修繕では、一次～三次予防に対応して、次のような対策例が考えられる。
　一次予防：塩害地域等にて、損傷発生前に小補修を実施（表面保護工等）
　二次予防：定期点検により、損傷を早期発見して早期対策（ひび割れ注入等）
　三次予防：損傷進行後、補強を実施（桁の炭素繊維補強等）

【参考資料】
※ 1 道路投資の評価に関する指針（案）第2編 総合評価、道路投資の評価に関する指針検討委員会編、平成12年1月

第3章　維持管理計画の立案と実施

3.1　中期計画の立案

　第2章では、主に「維持管理計画をなぜ策定するのか」という点に着目し、維持管理計画の目的と意義、意思決定の流れ等について述べた。
　本章では、「維持管理計画をどのように策定するのか」という点に着目し、2.3（3）における長期・中期・短期の維持管理計画サイクル（図2-4）のうち、長期計画において設定した管理方針に基づく中期計画の立案の方法について述べる。具体的には、中期的な管理水準の設定、中期計画リストの作成、優先順位の設定方法である。
　短期計画立案については 3.2、長期計画・中期計画・短期計画の見直しについては 3.3 において説明する。

（1）中期的な管理水準の設定

　中期計画の立案に当たっては、道路ネットワークの重要性等を考慮したサービス水準を維持するために、2.2（2）で述べたように、各ネットワークに必要とされる管理水準を下回らないような対策を計画する必要がある。

　管理水準は、補修・更新費用の平準化並びに限られた予算を効率的に配分させることを目的に、計画実施の事後評価の結果、見直す場合がある。管理水準の見直しは、単年度ごとに行うのではなく、5年程度のスパンで実施されることが望ましい。
　表 3-1 に、道路施設における管理水準の設定例を示す。

　管理水準には、①「管理者としての取り組み」の管理レベルと、②「道路の状態」を表す指標、がある。
　また、必ずしも定量的である必要はなく、定性的なものでもよい。

表 3-1　管理水準の設定例

	水準を図るものさし	具体的な管理目標
管理者としての取り組み（管理レベル）	点検方法	詳細点検（近接目視、たたき点検）、簡易点検（遠望目視）、パトロール・通報
	データ蓄積方法	データベース化、台帳記録、データ蓄積なし
	通行規制レベル	通行規制なし、一時的な通行規制容認、長期的な通行規制容認
	点検頻度	5年サイクル、10年サイクル
	年間補修実施橋梁数	10橋／年
	清掃回数	月3回、月1回
道路の状態（指標）	橋梁主要部材の点検結果（対策区分の評価）注)	「Bの段階で補修」「Cの段階で補修」
	路面の状態（わだち掘れ量）	「25mmで補修」「40mmで補修」

注）　対策区分の評価
　　　B：状況に応じて補修を行う必要がある
　　　C：速やかに（5年以内に）補修を行う必要がある

　例えば舗装の維持管理において、ネットワークの観点に加えて交通量の視点から管理水準を設定する方法が考えられる。
　図3-1に示すように、わだち掘れ量と交通量を考慮して管理水準を設定する。

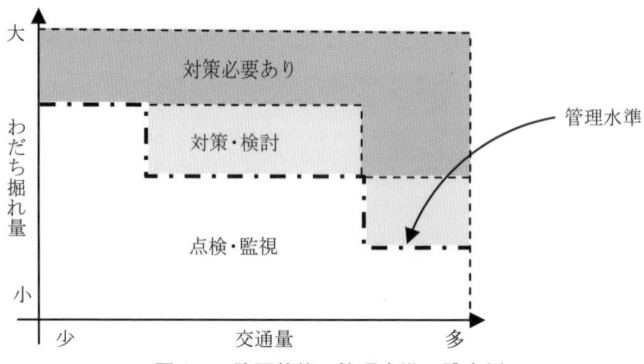

図 3-1　路面状態の管理水準の設定例

約500橋を管理している地方自治体において、全管理橋梁をカテゴリーに分ける例を表3-2に示す。

表3-2 管理橋梁の分類の例

カテゴリー	該当橋梁の特徴	該当橋梁数 橋長15m以上	15m未満
A	(1) 緊急輸送道路（1次）[注]	10	10
B	(2) 緊急輸送道路（2次・3次）[注]	30	40
B	(3) 橋長100m以上の長大橋（(1)～(2)を除く）	10	0
B	B小計	40	40
C	(4) A、B以外で幹線市道に位置する橋梁	10	120
C	(5) 落橋時に孤立集落が発生する橋梁（(1)～(4)を除く）	10	30
C	C小計	20	150
D	A、B、C以外の橋梁	30	200
	合計	100	400
		500	

注) 緊急輸送道路
　1次ルート：高規格幹線道路、一般国道等広域的な重要道路およびアクセス道路で、輸送の骨格をなす道路
　2次ルート：1次ルートと市町村役場および重要な拠点を結ぶ道路
　3次ルート：1次および2次ルートと市町村役場の支所とを結ぶ道路

カテゴリー別の中期的管理水準の設定例を表3-3に示す。

表 3-3　中期的管理水準の例

カテゴリー	調査・点検	データ蓄積	清掃回数	わだち掘れ量
A	定期点検	データベース化	3回／月	25mmで補修
B	定期点検	データベース化	1回／月	40mmで補修
C	簡易点検	台帳に記録	随時	随時補修
D	パトロール通報	台帳に記録	随時	随時補修

注）　随時：道路利用者からの要望等から決定

（2）　中期計画リストの作成

　中期計画を策定するに当たり、施設の損傷状態を把握する点検は、管理施設全てに対して一定期間内に実施すべきであり、毎年、予算を優先的に確保する必要がある。

　一方、補修補強は、点検を実施した後に必要な対策が決まり、また、実際の補修補強工事は、対策の要否も含めた工法比較や補修設計等の検討後に、決定されるもので、計画段階では不確定要素が多い。

　したがって、定期的に行う点検と不確定要素を含む補修補強は、中期計画リストの中で別々に作成し、必要な費用は別枠で考える必要がある。

　トンネル施設の電気代など、施設の劣化にかかわらず、施設数に比例して発生する固定的な経費についても切り分けて確保する必要がある。

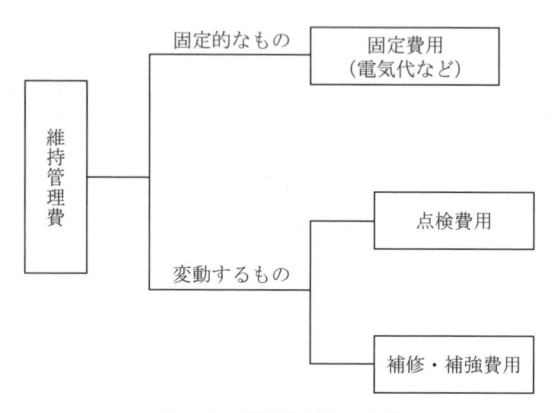

図 3-2　維持管理費の内訳

(a) 点検リストの作成

点検は、あらかじめ定めた方法、頻度で実施する。

点検結果がないと具体的な維持管理計画を策定することが困難なため、管理橋梁全数に対し、決められた予算内、定められた手法で損傷状態を把握することは重要である。

例えば橋梁を例にとると、全管理橋梁 500 橋のうち、橋長 15m 以上の橋梁 100 橋、カテゴリー A、B の橋長 15m 未満の橋梁 50 橋の計 150 橋に対し、1 回／5 年の点検頻度を設定し、毎年 30 橋の点検を実施し、5 年で全橋梁を一巡する計画が考えられる。橋梁ごとにネットワークカテゴリーやその他の項目を考慮し、点検手法や点検頻度を設定して点検計画を策定する。

表 3-4 にカテゴリー別の点検計画表を示す。

表 3-4 中期計画のリスト（橋梁の点検）

対象橋梁	カテゴリー	実施内容					
		1年度	2年度	3年度	4年度	5年度	合計
aa 橋	A	点検					
bb 橋		点検					
cc 橋		点検					
dd 橋			点検				
ee 橋			点検				
ff 橋	B	点検					
gg 橋		点検					
hh 橋			点検				
ii 橋			点検				
jj 橋					点検		
kk 橋	C	点検					
ll 橋			点検				
mm 橋				点検			
nn 橋					点検		
oo 橋						点検	
予算		〇〇千円	〇〇千円	〇〇千円	〇〇千円	〇〇千円	〇〇千円

(b) 修繕計画リストの作成

中期の維持管理計画の策定では、点検結果や道路のカテゴリーごとに設定した管理水準に基づき、個々の施設ごとに各年度に必要な補修・補強を計画し、維持管理費を推計する。**表** 3-5 に橋梁の例を示す。

策定手順としては、まずカテゴリーごとに設定した管理方針（予防保全型・事後保全型・巡回監視型など）ごとに各橋梁の修繕・架替時期と費用を推計する。

次に、推計結果を基に全体予算と橋梁の優先順位を考慮し各年度の修繕・架替対象を決定する。

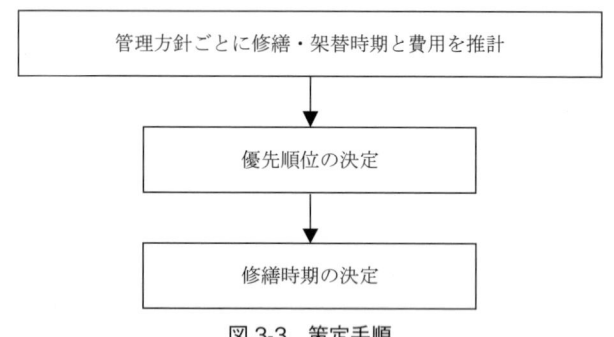

```
管理方針ごとに修繕・架替時期と費用を推計
            ↓
       優先順位の決定
            ↓
       修繕時期の決定
```

図 3-3　策定手順

なお、修繕計画リストを作成するには、点検実施は必須条件となるが、市町村管理の橋梁を例にとると、多くの橋梁は点検を実施しておらず、点検結果に基づいた修繕計画を策定できないのが実情である。基本的には点検を実施した橋梁から補修・補強計画を策定する必要があるが、管理橋梁全ての点検を実施するまで（点検が一巡するまで）は、架設年や架設環境など橋梁台帳にある基本データを用いて修繕の時期を想定する方法もある。

第 3 章　維持管理計画の立案と実施　57

表 3-5　中期計画リスト（橋梁の修繕）

カテゴリーA(予防保全型)

橋梁名	道路種別	路線名	橋長(m)	架設年(西暦)	橋種	点検実施年度	H20計画	H21計画	H22計画	H23計画	H24計画
aa橋	□□	□□	27	1958	PC橋	H17	修繕				
bb橋	□□	□□	271	1940	RC橋 鋼橋	H16	修繕	修繕			
cc橋	□□	□□	34	1961	RC橋	H15			修繕		
dd橋	□□	□□	50	1981	PC橋	H15				修繕	修繕
今後の修繕・架替事業費(億円)							□□	△○	□□	□○	□
今後5年間の修繕・架替事業費(億円)							△○□				

カテゴリーB(事後保全型)

橋梁名	道路種別	路線名	橋長(m)	架設年(西暦)	橋種	点検実施年度	H20計画	H21計画	H22計画	H23計画	H24計画
ff橋	○○	○○	74	1980	鋼	H16	修繕	修繕	修繕		
gg橋	○○	○○	34	1940	RC	H17		修繕	修繕	修繕	
hh橋	○○	○○	21	1940	鋼	H15			修繕	修繕	修繕
ii橋	○○	○○	18	1969	鋼	H16				修繕	修繕
今後の修繕・架替事業費(億円)							○□	○△	△△	○□	□
今後5年間の修繕・架替事業費(億円)							○□△				

カテゴリーC(巡回監視型)

橋梁名	道路種別	路線名	橋長(m)	架設年(西暦)	橋種	点検実施年度	H20計画	H21計画	H22計画	H23計画	H24計画
kk橋	○□	○□	10	1946	RC	−	架替				
ll橋	○□	○□	6	1951	RC	−		架替			
mm橋	○□	○□	11	1943	RC	−			架替	架替	
nn橋	○□	○□	8	1949	RC	−					架替
今後の修繕・架替事業費(億円)							△○	○△	○○	△□	□
今後5年間の修繕・架替事業費(億円)							□△○				

表 3-6　中期計画リスト（全管理施設）

	名称	管理水準の考え方	予算計画(億円)				
			H20計画	H21計画	H22計画	H23計画	H24計画
橋梁	aa橋	予防保全型	○○				
	bb橋	予防保全型	○○	○○			
	ff橋	事後保全型	○○	○○	○○		
	kk橋	巡回監視型	○○				
トンネル	Aトンネル	詳細点検					
	Bトンネル	詳細点検					
	AAトンネル	簡易点検					
	EAトンネル	パトロール通報					
舗装	A区間	わだち掘れ量25mmで補修					
	B区間	わだち掘れ量40mmで補修					
	AA区間	わだち掘れ量40mmで補修					
	AA区間	わだち掘れ量40mmで補修					
日常管理	清掃	A区間					
	緑地管理	A区間	月4回				
	巡回	A区間					
	清掃	B区間					
	緑地管理	B区間	月2回				
	巡回	B区間					
	清掃	AA区間					
	緑地管理	AA区間	月1回				
	巡回	AA区間					
	清掃	EA区間					
	緑地管理	EA区間	逐次				
	巡回	EA区間					

（3）中期計画による効果

中期計画の策定においては、道路利用者や地域住民に対して、計画を実施することによる効果をわかりやすく説明できることが重要である。ここでは、計画による効果を定量的に説明する例を示す。

（a）コスト縮減効果

道路構造物ごとに、複数の管理パターンに対してライフサイクルコストを計算し、各年度の必要費用を地域単位で集計・比較する。図3-4に示すように、従来の事後保全型の管理パターンから予防保全型の管理パターンに転換する計画を策定・実施することによるコスト縮減とコストの平準化を定量的に説明することができる。

第 3 章　維持管理計画の立案と実施　　59

【事後保全型の維持管理計画】

費用

■ 更新
□ 補修

H20　H25　H30　H35　H40　H45
年度

【予防保全型の維持管理計画】

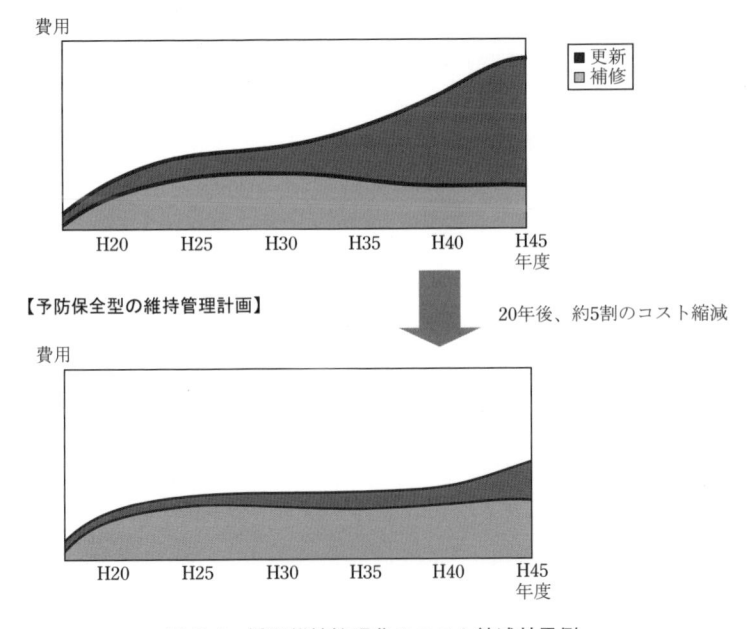

費用

20年後、約5割のコスト縮減

H20　H25　H30　H35　H40　H45
年度

図 3-4　橋梁維持管理費のコスト縮減効果例

(b) 管理指標の推移による効果

図 3-5 に示すように、計画を策定し、計画どおりに維持管理を実施した場合の管理指標の改善効果を定量的に示すことができる。

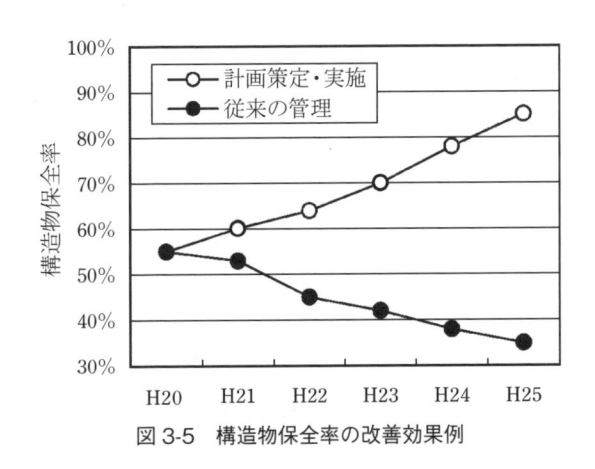

図 3-5　構造物保全率の改善効果例

(4) 優先順位の設定
(a) 優先順位の評価の項目

　橋梁において補修の優先順位を設定する際には、「橋梁の健全度」と「橋梁の重要度」を目安に検討する。

　「橋梁の健全度」は、安全な交通の提供に関するもので、「橋梁の重要性」は、通行に支障が出た場合の社会的損失に関するものである。

　橋梁単位で優先順位を付ける場合は、これらを総合的に考える必要がある。

① 橋梁の健全度
  - 構造的安全性：点検結果から得られる橋梁の状態で、損傷を構造的安全性から評価したものである。最悪は落橋の恐れがある場合である。
  - 致命的な損傷の発生状況：橋梁の部材や損傷の種類によっては、致命的な落橋につながる可能性が高いものがあり、それら重要な部材における損傷から優先順位を設定する必要がある。この考え方は、米国においてもFCMといった概念で用いられている。

② 橋梁の重要性
  - 橋下条件：橋下の利用状況が鉄道や道路等、公共的な空間である場合、コンクリートの落下等による第三者被害が発生するため、早急に対応する必要がある橋梁と判断する。
  - 交通量：交通量が多い場合には、交通規制等による社会的な影響が大きくなるため、優先的に対応する必要があると判断する。
  - 迂回時間：当該橋梁が通行できなくなることによる迂回時間損失を計算し、優先順位付けに用いる。

(b) 優先順位の評価の方法

　(a)で示した項目を総合的に評価して、構造物単位で優先順位付けを行うための指標化する方法について、以下に例を示す。

① 構造物の健全度を点数化する方法
　構造物の健全度を各部材の健全性と重み係数から算定する。
　健全度指標 $= \Sigma (a_i \cdot w_i) / \Sigma w_i \times 100$
　　ここに、a_i：部材の健全性を示す指数
　　　例）健全 $a_i=1.0$、要補修 $a_i=0.6$、要大規模補強 $a_i=0.3$、要取換え $a_i=0$
　　　　w_i：部材 i の重み係数　$\Sigma w_i = 1.0$
　　　例）主桁 $w_i=0.4$、床版 $w_i=0.2$、橋台 $w_i=0.1$、橋脚 $w_i=0.2$、支承 $w_i=0.1$

② 複数のデータを合成して構造物単位での指標を算出する方法
　橋梁の状態（損傷状況）に基づき算定した健全度指標と、路線の重要度、立地条件、交通量等の道路ネットワークにおける「社会的重要性」を示す指標2つを合成して評価し、橋として優先順位を決定する手法がある（事例：横浜市、北海道）。
　ただし、ここで留意しなければならないのは、①②に示す方法はあくまでも優先順位の目安を示すものであるということである。例えば、多数の橋梁群を対象とした中長期予算の必要額等を検討する際に、コンピュータを用いたシミュレーションにおける優先順位付けの目安として活用する場合などには、ここで示した方法が適している。

　実際の中期計画策定においては、現地の損傷状況、劣化要因や交通量、修繕工事中の交通規制方法、または同一橋梁における他の損傷や隣接する橋梁等の損傷で同時期に補修することが効率的なものの有無などを十分に検討して、最終的な修繕対象を決定していく必要がある。

　個々の橋梁の状況を踏まえた上で作成した修繕計画リストの事例を表3-6に示す。

[第6章　6.1（3）　に参考事例を示す]

表 3-7 個々の橋梁の修繕・架替え等に関する計画（修繕計画リストの例）

橋梁名	道路種別	路線名	橋長(m)	架設年度	供用年数	最新点検年次	対策の内容・時期									
							H21	H22	H23	H24	H25	H26	H27	H28	H29	H30
○○橋	補	○○○号	30	1995	12	H17	次回点検									
○○橋	主	○○○号線	80	1998	9	H19			次回点検							
○○橋	一	○○○号線	35	2003	4	H20				次回点検						
‥	//	‥	‥	‥	‥	‥										
○○橋	補	○○○号	100	1970	37	H19		←床版上面増厚→				次回点検				
○○橋		○○○号	50	1940	66	H18		←架替え→					次回点検			
○○橋	//	○○○号	18	1980	26	H20					←床版補強→			次回点検		
‥	//	‥	‥	‥	‥	‥										
○○橋	主	○○○線	42	1975	32	H16	←架替え→			次回点検						
○○橋	//	○○○線	40	1975	32	H19			←床版補強→			次回点検				
○○橋	//	○○○線	15	1980	26	H18					←電気防食→			次回点検		
○○橋	//	○○○線	80	1960	47	H20							点検	塗装塗替		
○○橋	一	○○○線	60	1945	57	H18				←架替え→			次回点検			
○○橋	//	○○○線	40	1983	24	H19			←炭素繊維接着→			次回点検				
○○橋	//	○○○線	80	1996	11	H20						点検	塗装塗替			
‥	//	‥	‥	‥	‥	‥										
‥	//	‥	‥	‥	‥	‥										
‥	//	‥	‥	‥	‥	‥										
‥	//	‥	‥	‥	‥	‥										
‥	//	‥	‥	‥	‥	‥										
今後の修繕・架替え事業費(億円／年)							●	●	●	●	●	●	●	●	●	●

凡例： ←→ 対策を実施すべき期間を示す

道路種別について、補：補助国道　主：主要地方道　一：一般県道

3.2 短期計画の立案

　短期計画は、中期計画に基づく予算要求の結果を踏まえて、指定された期間、毎年繰り返し作成される。

　中期計画がいくつかの仮定に基づき作成されていること、かつ災害等の緊急対応により当初予定していた修繕等が繰り越しになること等により、当初計画と異なる場合もあるが、基本的には短期計画を単年度のレベルで、その都度の見直しは行わない。

　短期の維持管理計画は、①短期の計画立案（P）、②事業実施（D）、③事後評価（C）のPDCサイクルが成り立つ。

（1）短期の事業計画

　短期の計画立案は、中期計画に基づくものである。しかし、定期点検の結果、新たに見つかる要対策橋梁や緊急対策箇所がある場合は、中期計画のリストの中から決められた予算内で実施できる内容・範囲を明確にする。

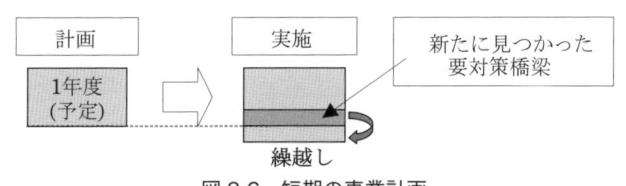

図3-6　短期の事業計画

（2）短期事業の実施

　短期の事業実施には、点検・調査、補修設計、補修工事、補修履歴の記録がある。

　補修・補強設計において、具体的な工法・数量を決めるために、中期計画レベルで実施した定期点検よりも詳細な点検、調査等が必要とされる。実際の現場では、当初予定していた方法では事業が実施できず、方法や施工範囲を変えて実施する場合や、計画立案時に発見されなかったが、新たに見つかった緊急対応を優先させて実施することなども考えられ、実施に当たっては弾力的な対応が必要である。

3.3 計画の評価と見直し

(1) 長期計画の見直し

長期計画の見直しは、地域開発等の周辺環境の変化、道路整備の進捗によるネットワーク機能の変化、国民の道路施設の維持管理に対するニーズの変化等に応じて、計画期間内に適時、適正に実施していく必要がある。

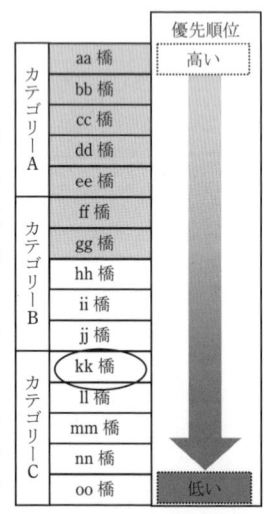

長期計画で設定したカテゴリー分類で、予算が足りなくてカテゴリーC・Dの橋が長期間対策できない状態になることが想定される。巡回監視等によりカテゴリーC・Dの橋の中で安全性の確保に問題があると判断される場合、緊急対策または通行止め等の処置を適宜、検討しなければならない。

図3-7 カテゴリー分類に応じた優先順位付けの例

図3-8に示すように、点検等によりgg橋（カテゴリーB）の安全性に問題があり通行止め等の処置を行うと、隣接するC₁、C₂路線に位置するmm橋、nn橋（カテゴリーC）の交通量が増加し、相対的な重要性が高まる。この場合は、mm橋、nn橋のカテゴリーが当初のCからBに格上げされることとなる。

ただし、gg橋の修繕または架替え後にB₁路線が通行可能となり、当初のネットワーク機能が確保されれば、mm橋、nn橋も当初のカテゴリーCに戻すこととなる。

gg橋通行止めにより、C_1、C_2路線の交通量が一時的に増加
→ カテゴリーCからBへ格上げ

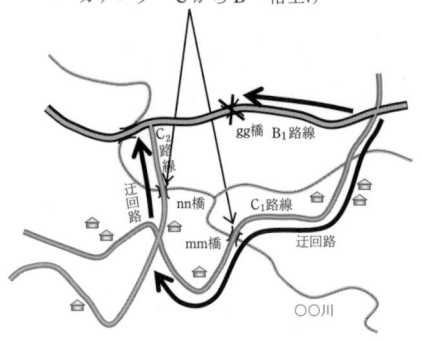

図3-8 カテゴリーの格上げの例

（2）中期計画の事後評価

中期計画で立てた管理水準に対し、それが実施できたかどうかのチェックを行う。定量的な管理指標として、「橋梁の補修実施橋梁数」を設定して、5年度に計画していた橋梁が、毎年新たに発見される要対策橋梁による繰越しにより実施できなくなった場合は、当初の中期計画を見直す必要がある。

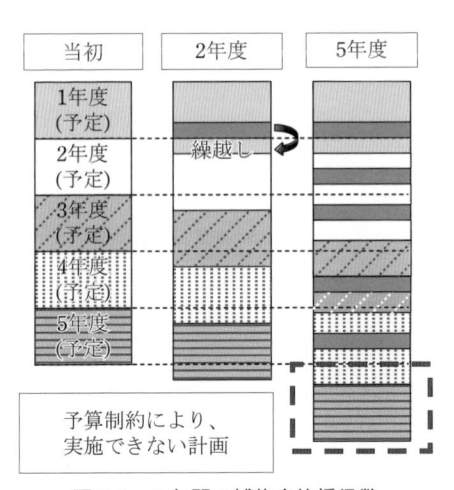

図 3-9　5年間の補修実施橋梁数

また、橋梁の点検方法については、近接目視による詳細点検が必要であると定めた橋梁が、その手法で点検できたかどうかを事後評価する。

（3）中期計画の見直し
(a) 管理水準の見直し

当初設定した中期計画の管理水準は、管理目標の達成度による事後評価により、5年程度を目安に必要に応じて見直すことが必要となる。見直しの例を以下に示す。

ⓐ　対策すべき橋梁数で管理している場合

当初毎年 10 橋対策を実施すると計画していた中期計画は、5年後には毎年新たに発見される要対策橋梁数を考慮すれば、毎年 12 橋（10 橋（当初計画分）＋ 2 橋（毎年新たに発見される要対策橋梁分））対策を実施するという計画に見直される（図 3-10）。

ⓑ　対策の進捗を示す割合を指標で管理している場合

第 2 章の 2.4（2）指標の算出方法で示した「構造物保全率」を管理水準

にしている場合の見直しの例を図 3-11 に示す。図は、当初 60％の数値を 5 年間で 80％にすると設定していた指標を実績や達成度の進捗などを考えて事後評価し、次の第 2 期においては、5 年後 70％を 100％にするという目標に設定し直す場合を示している。

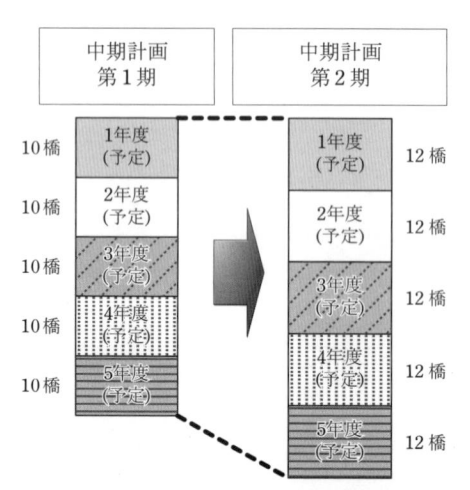

図 3-10　次期中期計画による毎年の要対策橋梁数見直し例

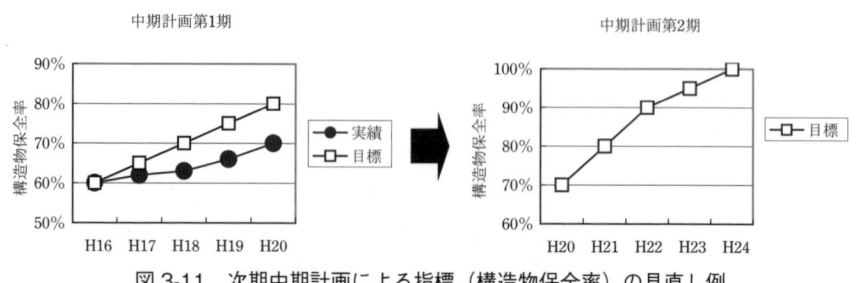

図 3-11　次期中期計画による指標（構造物保全率）の見直し例

(b) 予算の見直し

　中期計画で立てた管理水準が達成できない場合は、予算を見直すことも考えられる。予算の見直し例を下記に示す。

　ⓐ　対策すべき施設数を管理水準としている場合

　図 3-12 は橋梁の要対策橋梁数を管理水準とした場合の例である。毎年点検することにより新たに見つかる橋梁数を含む「要対策橋梁数」を増やさないという管理目標を立てたのだが、左側の図ではそれが達成できず、管理水準としては低下している。

　そこで、予算を増額し、毎年実施する対策橋梁数を増やすことによって、「要対策橋梁数」を減らし、管理水準を達成することができる。

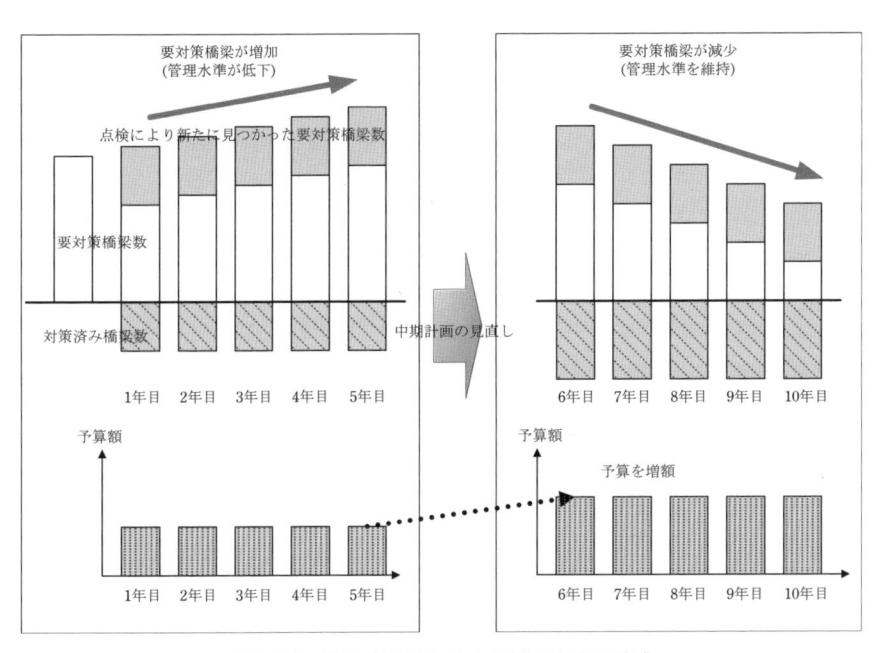

図 3-12　予算の見直しによる管理水準の達成

ⓑ 施設の健全度を示す指標で管理している場合の見直し

「施設の健全度が毎年下がらない」という管理水準を設定した場合、「施設全体の健全度を示す指標値が中期計画期間中に現状維持ができているか」、および「各健全度ランクの施設数の割合が中期計画期間で悪化していないか」を図に示すようなグラフで評価し、管理水準を満たしていない場合は、予算を投資パターン①から投資パターン②へ見直す。

パターン①のように年間予算が変わらないと、健全度が下がり（上図）、健全度分布（中図）で見ても健全度が悪いⅤの割合が増え、管理水準が悪化する。そこで下図に示すように予算を増やすパターン②に見直す。

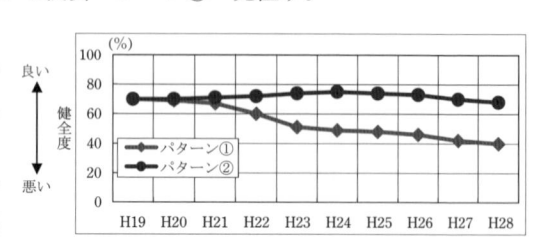

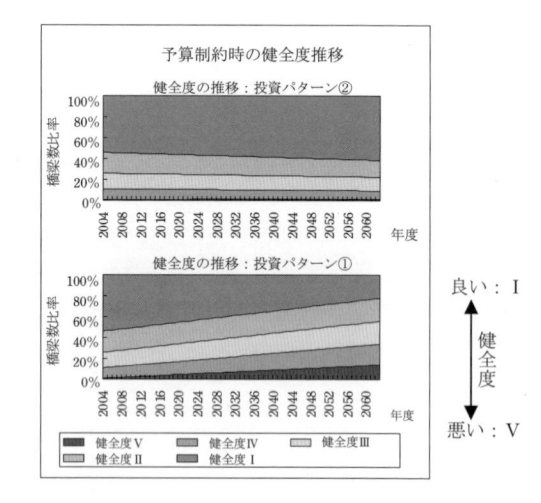

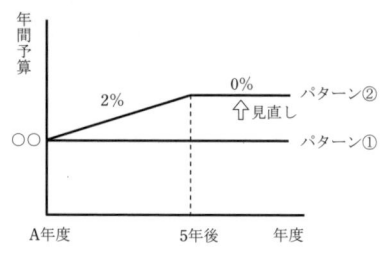

図3-13　投資パターン別の健全度の推移（イメージ）

（4）短期事業の事後評価

短期の事後評価では、計画どおりに実施できた事業の内容あるいは計画を一部変更して実施した内容について、質（健全度等）と量（対策実施数等）の両面からチェックする。そして、当初の計画とは異なる事象が生じた場合に、その原因を評価することが重要である。

図 3-14 は、毎年の点検結果を次年度の計画に反映させる例である。計画の対象橋梁全 500 橋に対し、5 年かけて毎年 100 橋ずつ点検する。初年度の計画対象橋梁は点検を実施した 100 橋とし、次年度から点検の進捗に伴い、100 橋ずつ増加していく。同時に、データベースを更新・蓄積し、新たに発見された構造物の損傷状況等を反映させつつ計画の内容を毎年、見直し・追加し、5 カ年で全 500 橋の計画を策定する。

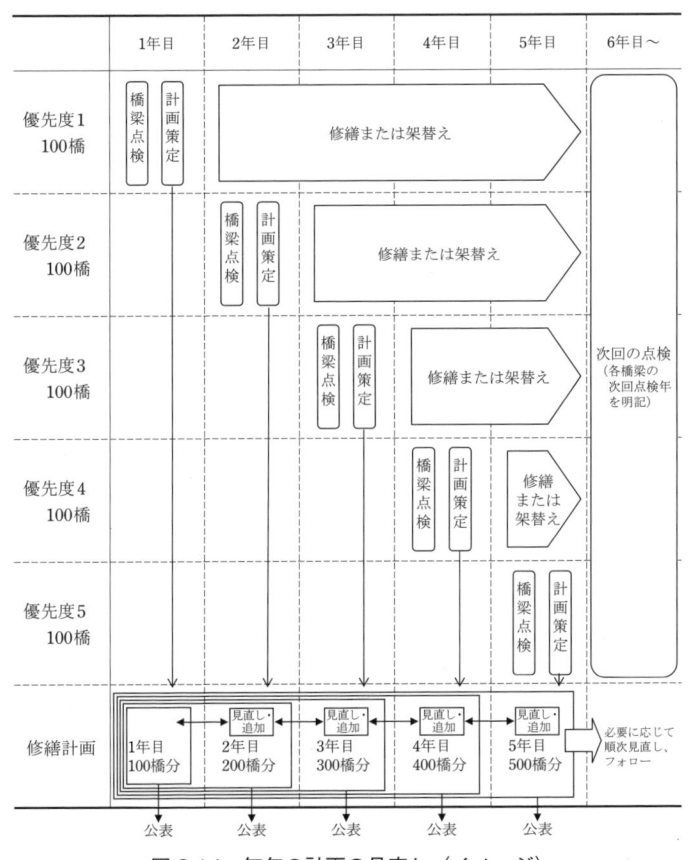

図 3-14　毎年の計画の見直し（イメージ）

5カ年計画を継続的に進めていく方法として、以下の2つの方法が挙げられる。

(a) 健全性の低い橋梁群から対応

　計画をスタートして2、3年目までは、管理対象橋梁全体（例：○○市全域）のうち、補修の緊急性を要する橋梁や健全性の低い橋梁を抽出し、点検・修繕を進める。

　4、5年目も同様に、健全性の相対的に低い橋梁を抽出し、点検・修繕を進める。5年サイクルが終わった時点でも、○○市全域の橋梁の健全性を比較して、引き続き、健全性が相対的に低い橋梁から点検・修繕を進める。

　この方法では、健全性の低い橋梁から順次対処していくため、安全性の確保が常に図られるが、同時期に複数の異なる地域で工事を実施する場合など、作業の効率性に欠ける面もある。

(b) 地域ごとに対応

　計画をスタートして2、3年目までは、危険箇所への対応等から (a) と同様に、管理対象橋梁全体のうち、補修の緊急性を要する橋梁や健全性の低い橋梁を抽出し、点検・修繕を進める。

　4、5年目以降は、図3-15 に示すように、○○市全域を複数の地区（図3-15におけるa～e地区）に分けて、順繰りに点検・修繕を進める。5年サイクルが終わった時点でも、引き続き、地区ごとに順繰りに点検・修繕を進める。

　この方法では、地区ごとに順番に点検・修繕が実施され、作業効率が良く沿道住民への説明等の準備もかなり早い時期から対応可能である。一方、当該年度に点検・修繕の対象外の地区に関しては、巡回監視により、危険箇所等の見落としがないように常に配慮する必要がある。

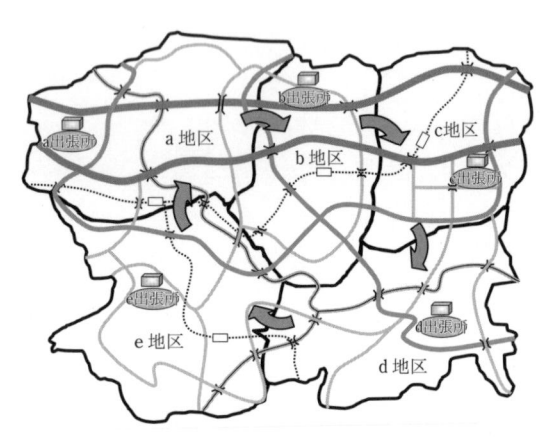

図3-15　地区ごとに順繰りに点検・修繕を実施
（a→b→c→d→e→a）

第4章　情報収集と活用

　道路施設は、竣工後、交通車両の繰返し荷重や気象作用等により損傷する。
　損傷は、時間の経過とともに進展し道路施設の安全性を低下させるため、道路施設は、安全性を確保するための対策を、撤去に至るまで繰り返し実施している。
　道路施設の情報は、その名称のように竣工当時から時間経過で変化しないもの、損傷のように時間経過で変化するもの、対策のように時間経過で追加されるもの、に分けられる。
　ハンドブックでは、変化しない情報を「諸元情報」、変化する損傷の情報を「点検情報」、追加される対策の情報を「対策履歴情報」、と分類するとともに、諸元等の情報を調書や台帳へ反映する「記録」と、記録を集め維持管理計画策定に必要な情報をデータベース等により管理する「蓄積」に分類した。

　本章では、それらの情報について、維持管理計画の作成に必要な情報項目や取得の方法、記録と蓄積方法等について解説する。

4.1　情報の種類

（1）諸元情報

　諸元情報は、道路施設の基本となる情報であり、名称や位置、形状寸法や材料、周辺環境等に関する情報である。諸元情報は、竣工から撤去されるまで変化することは少ないが、機能不足や土地利用の変化等により、まれに変更となる。
　変更となる情報は、橋梁を例にとると、拡幅による幅員の変更、並行するバイパス整備による交通量の変化等が挙げられる。
　維持管理計画の策定において、諸元情報は、管理方針を設定するための路線の情報、中期計画時の概略予算算出に用いる数量としての形状寸法の情報、将来の損傷状況を予測するための竣工年度や損傷の進展に影響を与える交通量や周辺環

境の情報からなる。

(2) 点検情報

　点検情報は、経年的に生じる損傷と、災害等による突発的な損傷についての種類や程度、範囲等に関する情報である。

　道路施設の損傷は、竣工後、交通車両による繰返し荷重、凍結融解などの急激な温度変化等の厳しい気象作用等により発生し、時間経過とともに進展する。

　その他、地震や台風等の災害によっても道路施設の損傷は発生し進展する。

　点検情報は、①損傷により道路施設の安全性が損なわれていないか確認する、②確認された損傷について、原因や対策工法を検討する、ことを目的としており、それぞれ目的によって用いる点検の方法が異なっている。

　点検情報の範囲を医療に例えると、血圧等の測定と、測定値の評価、測定の結果から治療が必要となるかの判断までを含み、どの治療方法を行うかという処方や、実際に治療を受けるかの判断は含まない。

　医療の場合、測定値の評価や治療の必要性判断や治療方法の処方を、一貫して医者が行うが、道路施設の場合、橋梁のように、損傷の把握と評価は橋梁点検員が、対策の判定（対策区分の判定）は橋梁検査員が行うなど、異なる技術者が行うこともある。

医療	血圧等の測定	測定値評価	治療の判定	処方の作成	治療実施判断
	看護師等	医者			患者
橋梁	損傷の把握	損傷の評価	対策の判定	対策工法の決定	対策の判断
	橋梁点検員	橋梁検査員		専門技術者	管理者

　　　　　　　　　　　　点検情報の範囲

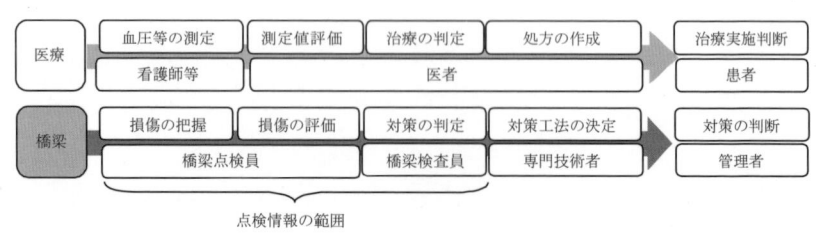

図 4-1　点検情報の範囲

(3) 対策履歴情報

　対策履歴情報は、損傷の進展等により、道路施設に対して行われた対策時期や工法、理由等の情報である。対策により損傷は回復されるため、対策履歴情報を収集した際には、点検情報の更新が必要となる。

　維持管理計画の作成において、対策履歴情報は、対策に必要となる費用の事例

となることや、将来の損傷程度を推計する際のリセット（対策時点で損傷が回復しているという判定）、具体の対策を立案する際の事例としての活用等が挙げられる。図 4-2 に各情報の変化と対策（更新まで）の関係を示す。

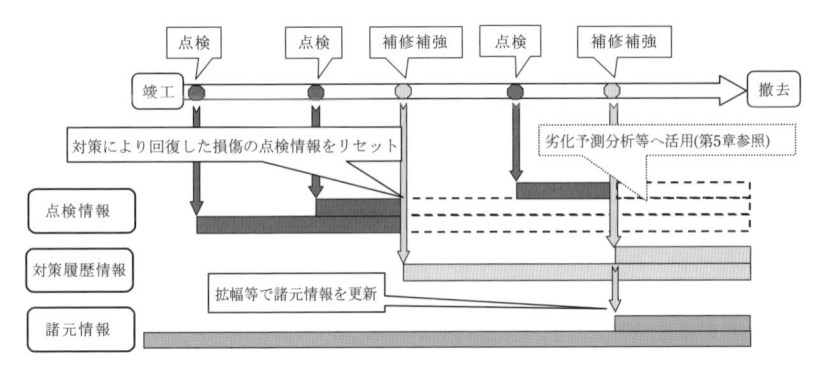

図 4-2　情報の変化、対策のイメージ

4.2　維持管理計画作成のために必要な情報

　維持管理計画には、長期計画、中期計画、短期計画があり、それぞれ用いる情報が異なる。維持管理計画の作成に必要となる情報について、長期計画と中期計画で用いる情報の考え方と橋梁の場合の一例を以下に示す。
　なお、短期計画は、中期計画の結果に基づいて具体的に事業を実施するものであり、そのために新たに必要となる情報はないため記述しない。

（1）長期計画立案に必要となる情報
　長期計画は、道路ネットワークの視点から、管理方針を立案するものである。
　そのため、道路施設に関しては、**(a)** 誰が管理している施設であるか、**(b)** どの道路施設（橋梁）を維持管理計画の対象とするか、**(c)** ネットワークの観点からどの路線に位置しているか、を把握できる情報を用いる。

(a) 誰が管理している施設であるか
　① 管理者名称（諸元情報）
　　・管理者を特定するための情報であり、地方自治体名や管理事務所名が該当する。

・1つの自治体で検討する際には、必ず必要とはならないが、広域的なネットワークのように、異なる自治体にまたがる検討を行う際には、重要な情報となる。

(b) どの道路施設（橋梁）を管理計画の対象とするか
① 橋梁名称（諸元情報）
・対象となる橋梁を特定するための情報であり、橋梁名称や管理番号が該当する。
・橋梁名称がない場合や重複する場合等、名称だけでは橋梁を特定することが困難な場合もあるため、管理番号も併せて用いることが望ましい。

(c) どの路線に位置しているか
① 路線名称（諸元情報）
・橋梁が位置する路線を特定するための情報であり、路線名称や路線番号が該当する。
・路線を特定することで、ネットワークの視点から、該当する橋梁の管理方針を設定することが可能となる。

② 橋梁位置（諸元情報）
・橋梁が路線のどの位置にあるかを特定するための情報であり、距離標や座標値が該当する。
・橋梁位置を地図上で展開し、視覚的に維持管理計画を検討する場合や、国民への情報公開等を行う場合に電子地図上での自動展開を可能とすることも視野に入れ、位置情報を座標値で収集しておくことが望ましい。

（2）中期計画立案に必要となる情報

中期計画は、対象となる道路施設に対し、5年程度の計画期間の中で、どのような維持管理（点検や対策）を行うか、道路施設名称と概略の費用を推計するものである。

そのため、道路施設に関しては、(a) いつ頃対策が必要となるか、(b) どの程度の費用が必要となるか、(c) 優先的に対策を行う道路施設であるか、を把握できる情報が必要となる。

(a) いつ頃対策が必要となるか
① 竣工年（諸元情報）
・将来の損傷程度を予測する際の基本的な情報であり、竣工年度が該当する。

・道路橋の場合、道路橋示方書によって設計思想が異なり、設計された年度によっては、弱点となる部材も存在しており、適用した示方書を特定する情報としても活用できる。
② 周辺環境（諸元情報）
・将来の損傷程度を予測する際に、損傷の進展程度に影響を与える劣化要因として考えられるものが該当する。
・具体的には、塩害の目安となる塩害地域区分や海岸からの距離、床版疲労や鋼材疲労の要因となる大型車交通量等が挙げられる。
③ 現在の損傷状況（点検情報）
・緊急対応の必要性や、将来の損傷程度の予測に用いる情報である。
・具体的には、損傷の評価結果に加え、損傷が発生している部材、損傷を判定した時期が挙げられる。
④ 対策年度、対策工法（対策履歴情報）
・対策が必要と判断された橋梁が実際に対策されているか判断する情報である。

(b) **どの程度の費用が必要となるか**
① 形状寸法（諸元情報）
・必要な費用を算出する際の数量となる情報であり、橋梁部材の寸法が該当する。
・具体的には、単価となる橋面積や、桁寸法、桁本数、床版厚さ等が該当する。
② 使用材料（諸元情報）
・必要な工法を設定する際の情報であり、コンクリート部材、鋼部材といった部材の材料、塗装の種類等が該当する。
③ 対策工法（対策履歴情報）
・対策が必要と判断された場合、どの工法が標準的な工法であるか判断するための情報であり、過去の対策工法の情報が該当する。

(c) **優先的に対策を行う道路施設であるか**
① 交差条件（諸元情報）
・第三者被害の有無や、社会的な影響を判断するための情報であり、交差物件の種類やその利用状況等の情報である。
② 緊急輸送道路の指定（諸元情報）
・緊急輸送道路は、地震や台風等の災害時においても、その通行を確保しておく必要がある道路であり、その指定の有無の情報が該当する。

トピック　　　　　　**データの形態**

　諸元情報、点検情報、対策履歴情報は、テキストデータ、イメージデータからなる。
(1) テキストデータ
(a) 文字型データ
　諸元情報では施設名称や位置（住所）等が、点検情報では定性的な損傷程度の評価区分、対策区分判定等が、履歴情報では工法名称等が文字型データである。
　点検情報では、明確な数値による幅を基に設定されるものと、文章等を基に設定されるものがあり、後者の場合には判断する人により異なる値が設定される。
　橋梁の場合、定性的なデータとは定期点検の損傷程度の評価区分や対策区分判定が該当する。
　具体的な事例として、損傷の評価の場合、コンクリート部材の剥離、鉄筋露出の判定（dランク）の評価基準は、「鉄筋が露出しているが、鉄筋の腐食は軽微である」となり、軽微な腐食の判断に技術者による相違が生じる。
　そのため、文字型データを用いた分析等を行う場合には、精度が粗いことを念頭に置いた実施が必要である。
(b) 数値型データ
　計測による定量的データである。
　計測機器等により取得されるため、人によって異なる値が取得されることは比較的少ないが、計測機器の精度により若干の差が生じる。
　橋梁の場合、橋長や幅員といった寸法や、詳細調査により計測される塩化物イオン量等が該当する。
　そのため、数値型データを用いた分析等を行う場合には、計測機器の精度を明確にした上での実施が必要である。
(2) イメージデータ
(a) 写真データ
　写真データの取得は、写真撮影を行うだけであるため、専門技術を必要とせず、容易に行うことが可能であるが、損傷など伝えたい情報を継続的に取得するためには、一定のルールが必要である。
　また、写真データは状況を視覚的に伝えられるデータであるが、その評価は別途専門技術者が行う必要がある。

(b) 図面データ
　上記（1）～（2）のデータの位置や値を道路施設の図とともに示すデータである。

（3）それぞれのデータの関連
　（1）～（2）のデータは、それぞれ相互に関連したものである。
　図面データは、文字型データ、数値型データ、写真データの位置や値を視覚的に表現するデータである。
　また、文字型データ、数値型データと写真データは互いに補完し合うデータである。

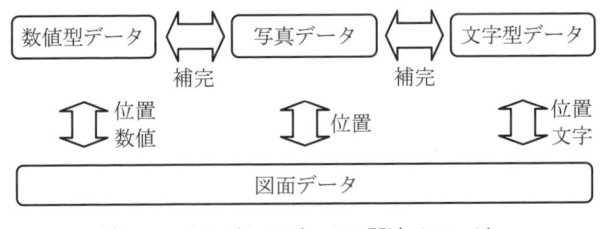

```
  ┌─────────┐ ⇔  ┌─────────┐ ⇔  ┌─────────┐
  │数値型データ│ 補完 │ 写真データ │ 補完 │文字型データ│
  └─────────┘     └─────────┘     └─────────┘
       ⇕位置           ⇕位置          ⇕位置
        数値                          文字
  ┌─────────────────────────────────────┐
  │             図面データ              │
  └─────────────────────────────────────┘
```

図4-3　それぞれのデータの関連イメージ

4.3 情報の収集

(1) 諸元情報の収集

諸元情報の収集方法として、(a) 道路法により道路管理者による整理が義務付けられた情報からの収集、(b) 設計図書等の資料や現地踏査による収集、の2つの方法がある。

以下に橋梁を例にした場合の諸元情報の収集方法について示す。

(a) 道路法に定められた諸元情報

諸元情報のうち、名称や竣工年度等については、道路法(第28条、第77条)により調書の作成、調査と報告が義務付けられており、道路管理者が保有している情報として収集が可能である。

① **道路法第28条による調製**

道路法第28条では、管理する道路の台帳を調製・保管することとされている。

道路台帳の記載事項作成は「道路法施行規則 第4条の2」に定められ、橋梁の場合には、「橋調書」を作成することとなっている。

② **道路法第77条による調査**

道路法第77条では道路に関する調査を行い、国土交通大臣へ報告することとされている。

橋梁の場合は橋長15m以上を対象としている。

表 4-1 道路法により調製、調査が定められた諸元情報

項目	橋調書	道路施設現況調査
位置付け	道路法第28条の調書	道路法第77条の調査 (橋長15m以上対象)
名称・位置等	名称/箇所	名称
設計の情報	荷重	適用示方書類/橋格
工事の情報	建設年次	架設年次/使用材料(上部工、床版)
形状の情報	延長/幅員/面積 橋種および形式	橋長/最大支間長 径間数/幅員 他域橋長/橋梁種別 橋梁分類/上部工型式 下部・基礎工型式
その他	現況(自動車交通不能、荷重制限)	現況/橋梁接続 一般・有料区分
項目数	9項目	17項目

第4章 情報収集と活用　79

(b) 設計図書等の資料並びに現地で収集する諸元情報

　橋調書並びに道路施設現況調査は、諸元情報の一部であること、道路施設現況調査は橋長15m以上の橋梁を対象としていることから、不足する諸元情報や、橋長15m未満の橋梁の諸元情報は、別途竣工図書等から取得することが必要となる。

　なお、非常に古い橋梁や小規模な橋梁は、竣工図書等の整備が十分でない場合があるため、現地での確認や簡易な計測により情報を補完することが望ましい。

① 設計図書等の資料から収集できる情報

　橋梁に関する資料には、設計図書（設計図、設計計算書、数量計算書等）や竣工図書（竣工図、竣工調書等）、管内図、道路地図、交通センサス等があり、それぞれ以下のとおり情報を収集することが可能である。

　ⓐ　設計図書、竣工図書
　・設計時点、竣工時点の道路施設の情報が記載されており、以下の情報を収集することができる。
　「橋梁名称、形状寸法、交差条件、路線名、竣工年度」

　ⓑ　管内図、道路地図
　・道路施設の位置する道路や、周辺環境が記載されており、以下の情報を収集することができる。
　「路線名、緊急輸送道路指定の有無、周辺環境（海岸線からの距離等）」

　ⓒ　交通センサス
　・定期的に交通量を計測しているものであり、対象となる路線については、沿道環境についても記載している。
　・全国的な調査としては「道路交通センサス」があるが、市町村道等については全て実施されているものではないため、自治体が独自に行っている場合には、その調査結果を利用することが望ましい。
　「交通量、周辺環境（DID地区等）」

② 現地踏査により収集できる情報

　設計図書等以外にも、現地の橋梁にある橋名板や橋歴板等を確認することにより諸元情報を収集することが可能である。

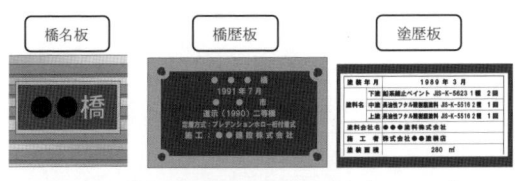

図4-4　橋名板・橋歴板・塗歴板（イメージ）

ⓐ 橋名板：橋梁名称
ⓑ 橋歴板：竣工年度、構造形式
ⓒ 塗歴板：塗装種別、塗装年月

　その他、現地での簡易な計測等により位置情報の取得（周辺住宅等からの住所の取得、GPSによる位置情報の取得）や、実測による部材寸法の取得が可能である。

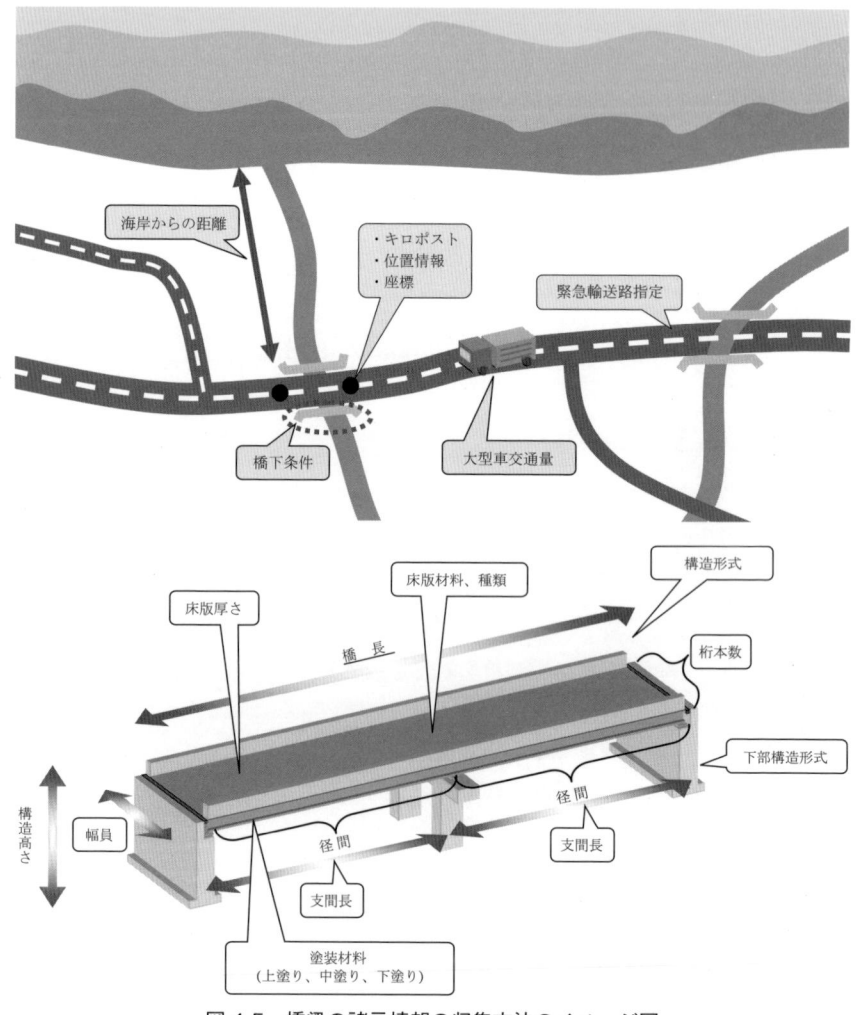

図4-5　橋梁の諸元情報の収集方法のイメージ図

（2）点検情報の収集
(a) 点検の目的
　点検は、①損傷により道路施設の安全性が損なわれていないか確認すること、②確認された損傷について、原因や対策工法を検討することを目的として実施されるものであり、目的によって点検の方法や種類が異なる。

(b) 点検の方法
　点検の方法には、目で見て損傷の有無や範囲を確認する目視と、測定機器等を用いて寸法や材料特性値等を確認する計測がある。

　目視には、近くから目視する近接目視と、近づけない場合に遠くから目視する遠望目視の2つの方法がある。

　近接することで、損傷の状況を詳細に把握することが可能となるが、橋梁の床版やトンネルの覆工のように、対象とする道路施設が点検調査を行う基面から離れている場合に近接目視を行うためには、点検車両等の大がかりな機材を必要とする。

図 4-6　近接点検のために、点検車両を用いている事例
（左側：橋梁[※1]、右側：トンネル）

(c) 点検の種類
　点検には、目的、方法等が異なる複数の種類があり、道路管理者は、点検の特徴を踏まえ、目的に応じた点検を選択することが必要となる。

　橋梁を例にとると、橋梁の点検には、通常点検、定期点検、中間点検、特定点検、異常時点検、詳細調査、追跡調査があり、点検の目的別にそれぞれの特徴がある。

① 「損傷により道路施設の安全性が損なわれていないか確認する」ことを目的とした点検
　ⓐ　通常点検：損傷の早期発見
　　通常巡回として日常の道路巡回時に道路パトロールカー内から橋梁の異

常を発見する目的で実施する。
　ⓑ　定期点検：損傷の評価、対策の判定
　　安全で円滑な交通の確保、沿道や第三者への被害の防止、橋梁に係る維持管理を効率的に行うために、必要な記録を得ることを目的に行う点検である。
　ⓒ　中間点検：定期点検の補足
　　事故や火災などによる不測の損傷の発見や、損傷の急激な進展などにより直近に行われた定期点検時の状態と著しく相違が生じている箇所がないことを概略確認するために、目視を基本として行うもので、定期点検の中間年に実施することにより定期点検を補うものである。
　　特に、定期点検の結果、進行性の損傷が疑われた場合や補修等の効果の確認が必要な場合など継続的な観察が必要と判定された橋梁に対しては、適切な時期に実施する必要がある。
　ⓓ　特定点検：特定事象の評価、対策の判定
　　コンクリート橋の塩害という特定の劣化に着目して予防保全的な観点から点検を実施するものである。
　　塩害は、コンクリート橋の劣化要因の主たるものであり、劣化が始まると進行が速いだけでなく、補修補強に多大な費用を要する。
　　このため、塩害の劣化速度に応じた点検間隔および重大な損傷の予防に主眼を置いた点検方法を定め、計画的かつ定期的に塩害点検を行うものである。
　ⓔ　異常時点検：災害等異常時の状況把握
　　地震や台風などの災害や大きな事故が発生した場合や、橋梁に予期していなかった異常が発見された場合に、必要に応じて橋梁の安全性を確認し、安全で円滑な交通の確保、沿道や第三者への被害の防止を図るための点検である。
　　橋梁に従来想定していない異常が発見された場合には、速やかに必要な調査等を行って原因を明らかにするとともに、同種の事象を生じているかまたは生じる恐れがある橋梁に対しても必要な点検を行って、橋梁の安全性や安全な交通の確保，沿道や第三者への被害の防止を図らなければならない。
　　平成14年度に実施したPCT桁橋の間詰めコンクリートの抜け落ちに対する点検や鋼製橋脚の隅角部の亀裂に対する点検などはこれに該当する。

② 「確認された損傷について、原因や対策工法を検討する」ことを目的とした点検
　ⓐ　詳細調査：対策の必要性判断、工法の選定
　　補修等の必要性の判定や補修等の方法を決定するため、損傷原因や損傷の

程度をより詳細に把握する目的で実施するものであり、損傷の種類に応じて適切な方法で行うことが必要である。

例えば、アルカリ骨材反応による損傷を生じた疑いのある道路橋に対して「道路橋のアルカリ骨材反応に対する維持管理要領（案）」に基づいて行う調査がこれに該当する。

また、鋼製橋脚隅角部に生じた亀裂に対する詳細調査では、表面に開口した亀裂の状態を調査する以外にも、必要に応じて開先形状や内部亀裂の状態を明らかにするための非破壊調査や発生応力の測定など広範な調査が行われる。

ⓑ　追跡調査：進行状況の把握

詳細調査などの結果、鋼部材の亀裂、コンクリート部材のひび割れ、下部工の沈下・移動・傾斜・洗掘など進行の恐れのある損傷や異常が発見された場合に、その進行状況を把握する目的で実施するものである。

急激な進行の恐れがない場合、または損傷の進行が橋梁の安全性・供用性に大きな影響を与えないと考えられる場合には、中間点検や定期点検の際に進行状況を継続して確認する方法で代替させることもある。

(d)　対象とする点検項目

点検は、道路施設の安全性を確認するため、対象とする損傷を定めて運用されている。

舗装では、一般的に「わだち掘れ量（mm）」「ひび割れ率（%）」「平坦性（mm）」を把握する点検項目としており、橋梁やトンネルでは、コンクリート部材や鋼部材といった対象部材の材料や、特定の部材に生じる損傷について、点検項目として定めている。

橋梁は、点検項目の種類が多く、国土交通省の点検要領（橋梁定期点検要領（案）、平成16年3月、国土交通省 国道・防災課（以下、直轄点検要領））では26種類の点検項目が定められている。

また、国土交通省では、直轄点検要領をベースに、12種類まで損傷を絞り込んだデータ収集要領（道路橋に関する基礎データ収集要領（案）、平成19年5月、国土交通省 国土技術政策総合研究所（以下、基礎デ要領））を策定し公開している。

このような絞り込み等は、直轄点検要領についても行われており、直轄点検要領の策定前の点検要領（以下、S63点検要領）から、点検項目の整理・統合・追加が行われている。

以下に、それぞれの要領における点検項目の絞り込み等についての考え方を紹介する。

[S63 点検要領から直轄点検要領への絞り込み等]

S63 要領では 32 種類の点検項目を定めて運用されていた。

S63 要領に基づいた点検の結果、「ほとんど記録されない損傷」や「定められた損傷に当てはまらない損傷」が見られたため、S63 要領の点検項目の整理・統合・追加が行われ、直轄点検要領の点検項目が定められた。

具体的には、3つの点検項目の追加、9つの点検項目の減少（点検項目の統合により項目数が減少）、3つの名称変更が行われている。

表 4-2　S63 要領から直轄点検要領への点検項目の整理・統合・追加

	S63 要領	直轄点検要領
追加された項目（3項目）	（剥離・鉄筋露出で評価されていたと想定される）	うき
	（当時の評価方法は不明）	支承の機能障害
	（ひび割れ、剥離・鉄筋露出、遊離石灰等で評価されていたと想定される）	定着部の異常
減少した項目（9項目）	① ゆるみ ② 脱落	① ゆるみ・脱落
	③ 剥離・鉄筋露出 ④ 豆板・空洞 ⑤ すりへり・侵食	② 剥離・鉄筋露出
	⑥ ポットホール ⑦ 舗装ひび割れ ⑧ わだち掘れ	③ 舗装の異常
	⑨ 異常音 ⑩ 異常振動	④ 異常な音・振動
	⑪ 沈下 ⑫ 移動 ⑬ 傾斜	⑤ 沈下・移動・傾斜
	⑭ 変形 ⑮ 欠損	⑥ 変形・欠損
名称変更された項目（3項目）	・遊離石灰	漏水・遊離石灰
	・鋼板接着部の損傷	コンクリート補強材の損傷
	・段差・コルゲーション	路面の凹凸

[直轄点検要領から基礎デ要領への絞り込み]

基礎デ要領は、従来の損傷事例や、過去の点検結果の分析により、短時間かつ低コストで道路橋の健全度について概略把握する手法として、一般的な構造形式の道路橋において主要な部材のみに着目し、かつ損傷発生頻度が高い箇所や同じ部材でも劣化が先行的に進行する箇所のみに着目して策定された。

そのため、調査項目の絞り込みに加え、調査方法の追加（遠望目視の採用）が行われた。

次ページに、基礎デ要領の調査項目等を整理する。

第 4 章　情報収集と活用

損傷の種類		評価方法	調査箇所	遠望	近接	備考
鋼	腐食	a～e	桁端部		○	
	亀裂	有・無	桁端部		○	
	ボルトの脱落	有・無	全体	○		
	破断	有・無	全体	○		
コンクリート	ひび割れ・漏水・遊離石灰	a～e	全体		○	
	鉄筋露出	有・無	全体	○		
	抜け落ち	有・無	全体	○		
	床版ひび割れ	a～e	桁端部		○	
	PC定着部の異常	有・無	全体	○		
その他	路面の凹凸	有・無	全体		○	
	支承の機能障害	有・無	全体	○		
	下部工の変状	有・無	全体	○		沈下・移動・傾斜・洗掘

図 4-7　遠望目視、近接目視の使い分け[※2]

H16 直轄要領

鋼部材の損傷	腐食	桁端部	a～e
		中間部	a～e
	亀裂	桁端部	a～e
		中間部	a～e
	ゆるみ・脱落		a～e
	破断	桁端部	a～e
		中間部	a～e
	防食機能の劣化		a～e
コンクリート部材の損傷	ひび割れ		a～e
	漏水・遊離石灰		a～e
	剥離・鉄筋露出		a～e
	抜け落ち		a～e
	コンクリート補強材の損傷		a～e
	床版ひび割れ	端部2パネル	a～e
		中間部	a～e
	うき		a～e
その他の損傷	遊間の異常		a～e
	路面の凹凸	伸縮継手部	a～e
		その他	a～e
	舗装の異常		a～e
	支承の機能障害		a～e
	その他		a～e
共通の損傷	定着部の異常		a～e
	変色・劣化		a～e
	漏水・滞水		a～e
	異常な音・振動		a～e
	異常なたわみ		a～e
	変形・欠損		a～e
	土砂詰まり		a～e
	沈下・移動・傾斜	下部工	a～e
		支点	a～e
	洗掘		a～e

本要領（案）

鋼部材の損傷	腐食	桁端部	a～e
	亀裂	桁端部	有無
	ボルトの脱落		有無
	破断		有無
コンクリート部材の損傷	ひび割れ・漏水・遊離石灰		a～e
	鉄筋露出		有無
	抜け落ち		有無
	床版ひび割れ（漏水・遊離石灰）	端部2パネル	a～e
	PC定着部の異常		有無
その他の損傷	路面の凹凸		有無
	支承の機能障害		有無
共通の損傷	下部工の変状（沈下・移動・傾斜・洗掘）	下部工	有無

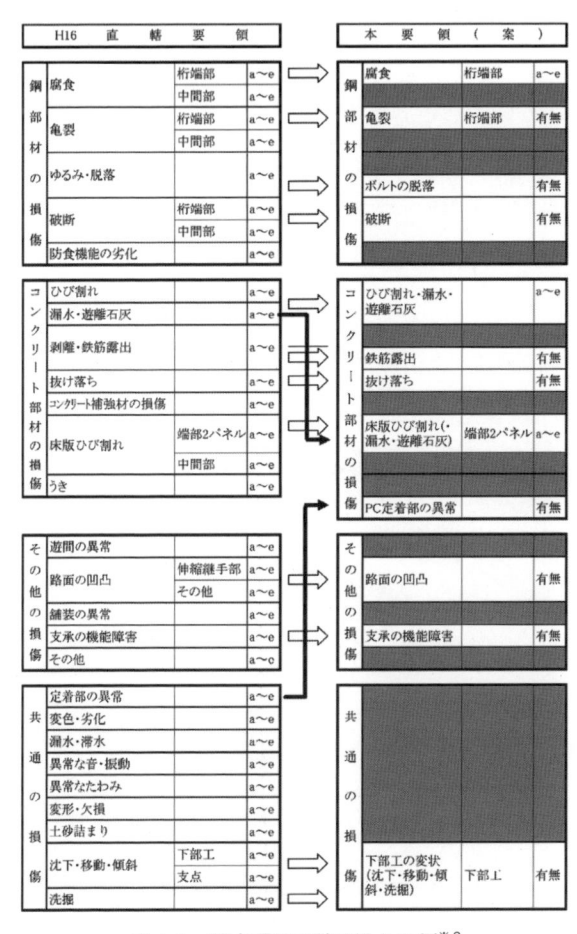

図 4-8　調査項目の絞り込みの例[※2]

(3) 点検結果の評価

損傷の評価は、確認された損傷の種類（点検項目）や程度（大きさ、深さなど）に応じて、評価の仕方を設定することで行われている。

その際には、点検を行った人による評価の相違が生じることを避けることが重要である。

(a) 損傷評価の方法

損傷の評価は、損傷が確認された部材や種類、程度に応じて行う。

橋梁を例にとると、直轄点検要領では、損傷の種類や程度に着目して損傷程度の評価区分（a、b、c、d、e）といった定性的な5段階による評価を基本としている。

また、基礎デ要領は、「健全度に着目した調査時点の状況についての概略をできるだけ簡易に把握すること」を目的としているため、その評価方法については、損傷の種類と調査箇所に応じて、直轄点検要領と同様に5段階で評価するものと、有・無のうちいずれかで評価するものとに区分している。

基礎デ要領は、道路管理者による調査も想定しているため、このような損傷の定性的な評価区分による評価が抱える問題である「調査を行う人により相違が生じる」ことを避ける1つの方法として、評価の方法と対応する損傷写真を参考資料として添付するような工夫がされている。

一方、直轄点検要領では、損傷事例ではなく、点検を行う人に能力と実務経験の要件を示し、相違が生じることを避けている。

図4-9 基礎デ要領の損傷事例の抜粋[※3]

表 4-3　直轄点検要領の損傷評価の例（防食機能の劣化）[※4]

区分	一般的状況
a	損傷なし
b	—
c	最外層の防食皮膜に変色を生じたり、局所的なうきが生じている。
d	部分的に防食皮膜が剥離し、下塗りが露出する
e	防食皮膜の劣化範囲が広く、点錆が発生する

【点検員の要件：橋梁定期点検要領（案）、平成 16 年 3 月、国土交通省 道路局 国道・防災課】
・橋梁に関する実務経験を有すること
・橋梁の設計，施工に関する基礎知識を有すること
・点検に関する技術と実務経験を有すること

(b) 評価単位

損傷の評価は、点検調査した細かな単位ごとに行う場合と、調査単位をある一定規模にまとめて評価する場合がある。

橋梁の場合には、点検を行う単位と評価する単位は同様であり、舗装の場合は、路面性状調査を例にとると、計測した結果を一定区間でまとめて評価している。

① 橋梁の評価単位

橋梁を評価する場合の単位には、橋脚によって分割される径間単位、主桁や床版、橋脚等といった部材単位があり、直轄点検要領では、さらに細かな単位として要素単位（交差する部材等で区切られた単位）を採用している。

一方、基礎デ要領は、直轄要領とは異なり、部材単位、あるいは要素よりも大きな分割単位にて評価することとしている。

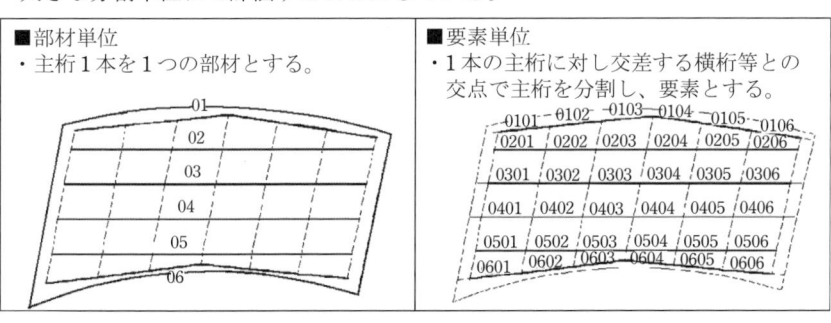

■部材単位
・主桁1本を1つの部材とする。

■要素単位
・1本の主桁に対し交差する横桁等との交点で主桁を分割し、要素とする。

図 4-10　直轄点検要領の単位（部材単位（左側）と要素単位（右側））[※4]

表 4-4 損傷を評価する単位のイメージ

評価の単位	イメージ図	要領
要素単位		直轄点検要領の単位
部材単位		基礎デ要領の単位
径間単位（部材）	主桁／床版／高欄・その他／橋台・橋脚／伸縮装置／支承	
径間単位（橋）		—
橋単位		

第 4 章 情報収集と活用　89

トピック　　　　要領による評価単位の相違

直轄点検要領、基礎デ要領の評価単位は以下のとおりである。

表 4-5　直轄点検要領、基礎デ要領の評価単位

点検・調査方法と対象	直轄点検要領	基礎デ要領
	近接目視：全ての部材	近接目視 ・桁端部や支承部およびその近傍の部材 遠望目視：その他
①主桁 ・縦桁横桁 ・対傾構	■要素単位	■部材単位
②横構 ・床版	■要素単位	■主桁の分割範囲
③下部工（橋脚・橋台）	■要素単位 □橋脚の分類 →柱部・壁部、梁部 □橋台の分類 →胸壁、堅壁、翼壁基礎	■部材単位（基単位）
④支承	■要素単位 ・支承本体 ・アンカーボルト ・落橋防止システム ・沓座モルタル ・台座コンクリート	■部材単位（基単位）

② 舗装の評価単位

国土交通省の舗装管理支援システム運用細則では、調査を行う車線、調査する点検項目、点検項目の測定間隔（調査単位）をそれぞれ設定している。

調査する車線は、多車線にわたる道路の場合でも、上下線の代表車線を対象に路面性状調査を行うこととされており、橋梁のように全ての部材を調査する方法とは異なっている。

また、測定間隔は、ひび割れは連続的、わだち掘れは20m間隔、平たん性は1.5m間隔としており、それぞれの測定間隔が異なるとともに、評価する場合は20m単位、100m単位と、測定単位とは異なっている。

【路面性状調査の概要】
・測定頻度：1回／3年
・測定する性状と測定仕様
　　　ひび割れ：車線全面について連続的に測定
　　　わだち掘れ：車線全幅について縦断方向20m間隔で測定
　　　平たん性：車線の外側わだち部について縦断方向1.5m間隔で測定
・標準調査車線（管理者の判断により追加選定は可能）
　　　2車線道路：下り線の1車線
　　　4車線道路：上り・下り線の外側の車線
　　　6車線以上の道路：上り・下り線の外側から2番目の車線
・調査結果の評価単位
　　　20m単位、100m単位

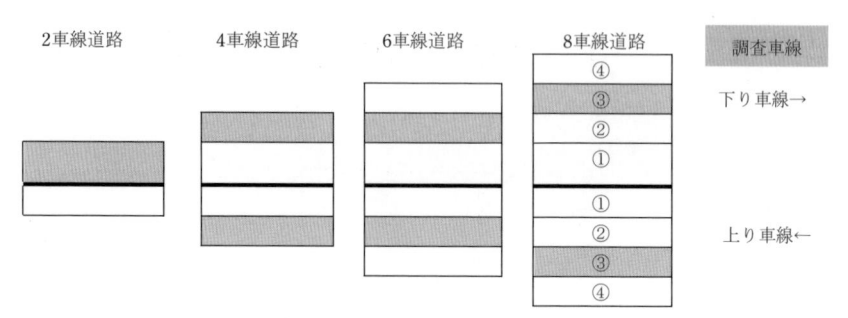

図 4-11　路面性状調査結果の評価単位[※5]

③ 除草・剪定の日常管理の評価単位

除草や剪定等の日常管理についても同様に、評価単位が異なっている。

剪定を例にとると、対象とする木々の1本ごとが最小の単位となり、周辺環境等の違いにより剪定頻度のメリハリをつける単位が大きな単位となる。

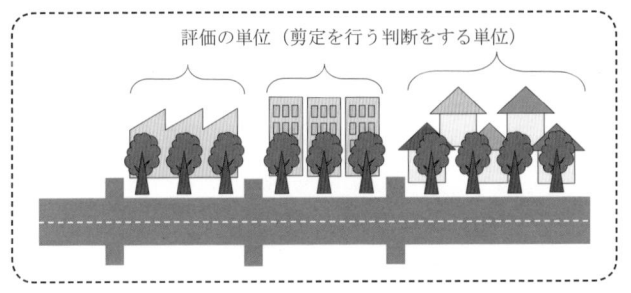

図 4-12 剪定の評価単位のイメージ

（4）点検結果に基づいた対策の判定

対策区分の判定は、①点検結果に基づいて、道路施設を総合的に判断するような技術者の力量により結果が異なるもの、②定量的な点検結果から機械的に対策の判定が行えるものがある。

以下に、技術者の判断に依存する例として橋梁の例を、機械的に判断が行える例として舗装の例を示す。

（a）橋梁の例（技術者の力量により結果が異なるもの）

対策が必要かどうかの判定は、損傷の評価結果に加えて、橋梁全体の状態を評価し、A, B, C, E_1, E_2, S, M ランクにより行われ、点検員でなく検査員が行うこととされている。

検査員は、専門的な技術を有するものが行うこととなっている。

表 4-6　橋梁における対策区分の判定の方法

対策区分を判定する考え方のフロー

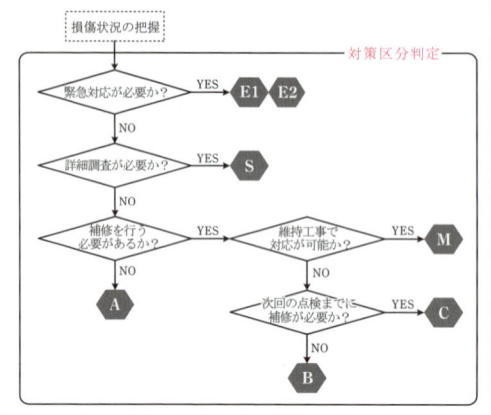

（フロー図：損傷状況の把握 → 緊急対応が必要か？ YES→E1 E2／NO→詳細調査が必要か？ YES→S／NO→補修を行う必要があるか？ NO→A／YES→維持工事で対応が可能か？ YES→M／NO→次回の点検までに補修が必要か？ YES→C／NO→B）

対策区分の考え方

判定区分	判定の内容
A	損傷が認められないか、損傷が軽微で補修を行う必要がない。
B	状況に応じて補修を行う必要がある。
C	速やかに補修等を行う必要がある。
E1	橋梁構造の安全性の観点から、緊急対応の必要がある。
E2	その他、緊急対応の必要がある。
M	維持工事で対応する必要がある。
S	詳細調査の必要がある。

【検査員の要件：直轄点検要領】
・橋梁に関する相応の資格または相当の実務経験を有すること
・橋梁の設計，施工に関する相当の知識を有すること
・点検に関する相当の技術と実務経験を有すること
・点検結果を照査できる技術と実務経験を有すること

(b) 舗装の例（機械的に判断が行えるもの）

舗装の場合は「修繕候補区間の選定と同区間における工法選定の手引き（案）、平成18年3月31日、国土交通省事務連絡」では、「ひび割れ率とわだち掘れ量」という定量的な値から、対策の必要性の判定並びに、必要な対策工法を選定する目安が示されている。

ひび割れ率＼わだち掘れ量	0mm以上 10mm未満	10mm以上 20mm未満	20mm以上 30mm未満	30mm以上 35mm未満	35mm以上 40mm未満	40mm以上
0%以上 10%未満				②切削工法		
10%以上 20%未満						
20%以上 30%未満						
30%以上 35%未満	③シール材注入工法			④切削工法＋シール材注入工法		
35%以上 40%未満						
40%以上			①修繕工法適用区間（切削オーバーレイ等）			

図 4-13　路面性状調査結果からの対策工法の選定（密粒舗装の場合）

（5）対策実施の判断

損傷程度の評価、検査員が行う対策区分の判定の結果から、対策を行うか否かの判断を道路管理者が行うこととなる。

対策実施の判断には、点検要領等の結果を基に、最適と判断された対策を行うこととなるが、限られた維持管理予算の中で、全ての対策を早急に実施することができないことも考えられる。

そのような場合には、対策を実施するまでの期間、通行規制等の処置を行い、道路利用者の安全を確保することが重要である。

図4-14 橋梁の通行止めの事例[※1]

（6）点検情報の記録

点検情報は、道路施設の損傷の状況を正確に記録し、維持管理計画の立案等に活用する。

そのため、点検情報の記録には、損傷の状況を伝達するため「損傷の種類」「損傷の程度」「損傷対象の部位・部材」「損傷の位置」等の情報を記録することが重要である。

直轄点検要領では、それらの情報を記録する様式として11種類の調書を作成することとされている。

① 点検調書（その1）：橋梁の諸元と総合検査結果
  対象橋梁の諸元、定期点検結果の総合所見など、橋梁全体としての状態を記載
② 点検調書（その2）：径間別一般図
  対象橋梁の全体図および一般図（平面図、側面図、断面図）などを径間ご

とに整理
③ 点検調書（その3）：現地状況写真
対象橋梁の全景、路面、路下等の現地状況写真を径間ごとに整理
④ 点検調書（その4）：要素番号図および部材番号図
記録の下地となる要素番号および部材番号を設定し、径間ごとに整理
⑤ 点検調書（その5）：損傷図
対象橋梁の部位・部材の損傷の種類・程度や箇所などを径間ごとに整理
⑥ 点検調書（その6）：損傷写真
点検の結果把握された代表的な損傷の写真などを径間ごとに整理
⑦ 点検調書（その7、8）：損傷程度の評価記入表
要素ごとに、損傷の種類・程度などを径間ごとに整理
⑧ 点検調書（その9）：損傷程度の評価結果総括
全ての部材について、損傷の種類・程度を、径間ごとに、前回定期点検結果と対比するように整理（各部材において、複数の損傷が記録される場合は、それぞれの損傷を記入）
⑨ 点検調書（その10、11）：対策区分判定結果
損傷に対する対策区分判定結果について、部材番号ごと、損傷種類ごとに、径間単位で記載

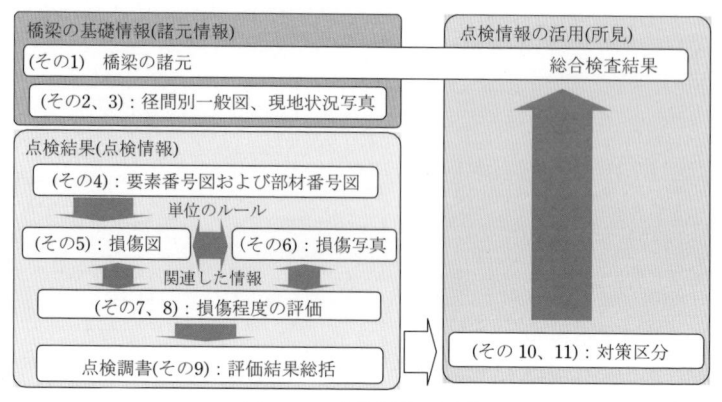

図4-15　点検調書の関係

点検調書の関係を、点検情報に着目して整理すると**図4-16**のようになる。
このように、点検調書は「点検調書（その4）要素番号図および部材番号図」を基本として、「点検調書（その5）損傷図」「点検調書（その6）損傷写真」「点

第 4 章 情報収集と活用 95

検調書（その7）損傷程度の評価記入表」と関連する。

■点検調書(その4)
・損傷を記録する番号の記録

■点検調書(その5)
・損傷の位置と程度を記載
・損傷写真との関連を記載(写真番号)

図面、要素番号で関連

要素番号で関連

写真番号
要素番号で関連

■点検調書(その7)
・損傷の箇所(要素番号)と程度の記載

■点検調書(その6)
・代表的な損傷写真の記載

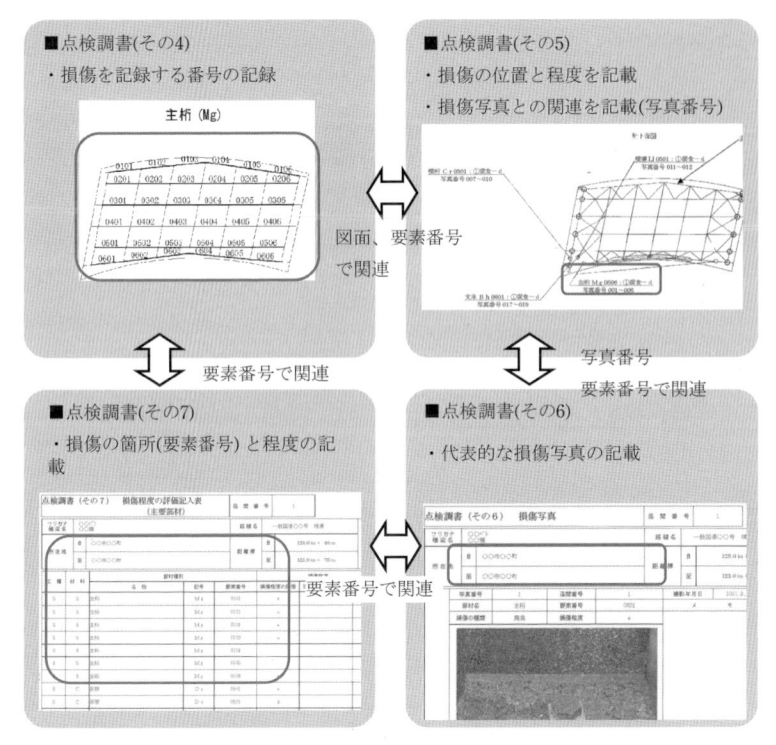

要素番号で関連

図 4-16　損傷の生じている部材、種類、位置等の取得方法の例図[※4]

[第 6 章　6.1（9）に橋梁点検要領の事例を示す]

（7）対策履歴情報の収集

　対策履歴情報は、対策時の情報であるため、過去の情報について竣工図書からの収集が可能である。
　今後、対策を行う際には、管理する対策履歴情報書式を竣工時の成果品の1つとして位置付けておくことで、自動的に収集することが可能となる。
　対策履歴情報のうち、橋梁の塗装履歴については、現地橋梁の塗歴板により確認できる。

（8）点検情報の収集方法の提案

　直轄点検要領では、点検を行い損傷程度を評価する技術者を橋梁点検員、評価

結果等を基に対策区分の判定を行う技術者を橋梁検査員とし、それぞれに要求される技術レベルを示している。

>　□橋梁点検員：損傷状況の把握を行う人
>　・橋梁に関する実務経験を有すること
>　・橋梁の設計、施工に関する基礎知識を有すること
>　・点検に関する技術と実務経験を有すること
>　□橋梁検査員：対策区分の判定を行う人
>　・橋梁に関する相応の資格または相当の実務経験を有すること
>　・橋梁の設計、施工に関する相当の知識を有すること
>　・点検に関する相当の技術と実務経験を有すること
>　・点検結果を照査できる技術と実務経験を有すること

　このように、橋梁の点検は行う行為によって、高い専門性が求められており、特に損傷程度の評価並びに対策区分の判定の段階で必要とされている。
　一方、より多くの橋梁に関する損傷状況を収集する方法として、本ハンドブックでは損傷記録方法を提案している（「第7章 付録」参照）。
　この損傷記録方法の提案は、以下の点に着目し、損傷を撮影、記録することに特化したものである。

① **専門的な技術力を必要としない方法**
　専門的な技術を必要とする損傷程度の評価、対策区分の判定を行わず、それら専門技術者への情報伝達を着実に行う方法に特化し、写真撮影による調査方法を提案した。

② **写真の記録による情報伝達**
　専門技術者が判断するための情報は、損傷に関するメモ、損傷図、損傷写真である。
　そのなかでも、損傷写真は簡易に収集でき、かつ、主観性がなく事実を正確に伝達することが可能である上、経年的な変化もとらえることができる。
　また、写真技術の向上により、遠望のものでも高密度な画素数で撮影することにより、近接撮影に匹敵するような画像を取得することができる。
　ただし、損傷写真が多くなると、専門技術者が数多くの写真を確認する時間的なロスの発生、重要な損傷の見逃しといったミスの発生が考えられるため、損傷種類に応じて最大3枚までを撮影することを基本とした。

③ 写真位置の記録

写真情報は、専門技術者の有益な情報となるが、損傷がどこに発生しているのか、その撮影位置を伝達することが難しい。

そのため、損傷記録方法の提案では、損傷写真の撮影方法に加え、写真位置図を用いて撮影位置を明確にすることを定めている。

それにより、継続的に同じ位置からの写真撮影が可能となり、同一の損傷を見逃さず記録することが可能となる。

4.4 情報の蓄積

(1) 情報の蓄積方法

データを管理する方法はいくつかあり、最も簡易な方法は記録用紙（台帳等）を紙で作成し管理することであるが、紙による管理には様々な課題がある。

① データの管理
- 複数の担当者が紙ベースで管理を行う場合には、「いつ・誰が・どのように」「作成・修正・追加」を行ったか把握しにくい。
- 維持管理においては、諸元情報、点検情報、履歴情報のそれぞれが、時間の経過とともに変化していくため、その定期的な更新が必要となるが、紙ベースは取り扱いがしづらい。

② 資料の保存
- 資料の管理者を定めて行ったとしても、道路管理者の定期的な異動による引き継ぎが十分にできず、資料を探すために大量の時間を要することが懸念される。
- 物理的な問題として、紙資料は管理する情報量に応じた保管場所を必要とする。

③ 必要な情報の変化に対応しにくい
- 管理情報に追加、削除の必要が生じた場合、その変更への対応が困難である。

④ 必要な情報の抽出や集計等が困難
- 管理している道路施設から、検索条件を定めて、必要な情報を抽出したり、抽出結果を用いて分析することが困難である。

そのような課題を踏まえると、電子データによる情報の蓄積が有効であると考えられる。

しかしながら、電子データにおいても、データそのものの信頼性や効率的な資料の保存・管理という面では課題が残されている。

(2) 情報更新時の留意事項

諸元情報、点検情報、対策履歴情報は、時間の経過とともに変化するものである。

さらに、対策履歴情報は道路施設の状態を変化させるものであるため、諸元情報や点検情報の反映が必要となる。

しかし、それぞれの情報の取得単位が異なる場合があるため、情報の更新時には、十分留意して行う必要がある。

橋梁を例にした場合、点検情報は要素単位で蓄積されているデータであるが、対策履歴情報は、部材単位で行われるものであり、取得単位に相違がある。

■点検情報の取得単位（主桁の例）
・「定期点検要領（案）、平成16年3月、国土交通省 国道・防災課」では、点検結果は部材をさらに細かく分けた要素として取得する。

0101	0102	0103	0104
0201	0202	0203	0204
0301	0302	0303	0304
0401	0402	0403	0404
0501	0502	0503	0504

■対策履歴情報の取得単位（主桁の例）
・実際の対策では、要素のみ対策することはほどんどなく、部材を1つの単位として対策する。

01		
02		
03		
04		
05		

(3) 情報共有による効果

① 情報の伝達がスムーズ

道路施設の点検は、種類に応じて実施する人が異なる上、道路管理者、点検者、検査員など異なる人々が共通して閲覧することが望まれるため、情報の共有によるスムーズな伝達が有効である。

② 維持管理技術の高度化

維持管理に関する技術は、いまだ発展途上であるが、新たに発見された損傷や、開発された対策工法に関する最新の知見を共有し、分析することが望まれる。

また、地域環境や利用状況に応じた損傷の発生傾向などを全国データを用いて分析したり、損傷事例として共有することは、維持管理技術の発展に役立つものと考えられる。

③ ネットワークとしての道路管理

道路施設の維持管理計画は、ネットワークの観点から行われるのが望ましい。道路ネットワークは、1つの道路管理者が管理する道路だけでなく、国道、県

道、市道のように異なる道路管理者間の道路で構成される。そのため、工事規制による交通機能の低下に対しては、それぞれの道路管理者が維持管理計画を共有することによって、交通機能をネットワークで確保することが望ましい。

(4) データベースによる情報管理の有効性

道路施設の情報をデータベース化することで、①維持管理計画の対象となる施設の情報や点検の結果、対策が必要とされている構造物についてスピーディーな検索が可能となる。

また、道路施設の情報を継続的に蓄積しておくことで、②維持管理計画に必要となるデータ抽出と分析、が可能となる。

4.5 情報の活用

維持管理計画の策定において、点検情報は①損傷の状況を把握し、対策の必要性を判断することに用いられるほか、②将来の損傷程度を予測するための劣化予測の分析や、損傷事例として用いることができる。

そのため、点検情報は対策実施を行った後も、保存しておき、様々な分析の際の基礎資料として活用することができる(劣化予測の手法については、第5章を参照)。

[第6章 6.1 (6) (7) に参考事例を示す]

4.6 国民への公表

道路管理者は、道路法第42条により「道路を常時良好な状態に保つように維持し、修繕し、もって一般交通に支障を及ぼさないように努めなければならない。」とされている。

そのため、道路管理者は、道路の維持管理を計画的に行うことはもちろんのことであるが、道路施設の維持管理状況について、国民への説明責任を果たすことが重要である。

国民に公表する情報は、①管理している道路施設には何があるか、②現在、管理施設の安全性をどのように評価しているか、③対策等を実施しているか(または予定しているか)という情報が最低限必要と考えられる。

橋梁を例にとった場合、それぞれ以下の情報が該当すると考えられる。

① 管理している道路施設には何があるか
・橋梁名称、箇所、延長、幅員、形式、竣工年度等が該当する。
・これら情報は、道路法第 28 条に基づく橋調書に記録する情報であるため、新たに整備する必要はなく、それら情報の活用により対応が可能である。

② 現在、管理施設の安全性をどのように評価しているか
・点検年、点検結果、対策の判定
・これらの情報は、点検結果の概要として取りまとめることが必要である。
・この場合には、点検結果を要素、または部材ごとに全て表記するのではなく、橋当りの評価指標とするなど、わかりやすい工夫が必要である。

③ 対策等を実施しているか（または予定しているか）
・対策年、対策工法
・実施した対策、または予定している対策を記述する必要がある。

国民への説明を行う際、わかりやすい表現として位置情報を示した事例もある。
米国、オクラホマ州では、橋梁マップを公開し、構造欠陥橋梁や機能陳腐橋梁について位置も含めた公開を行っている。

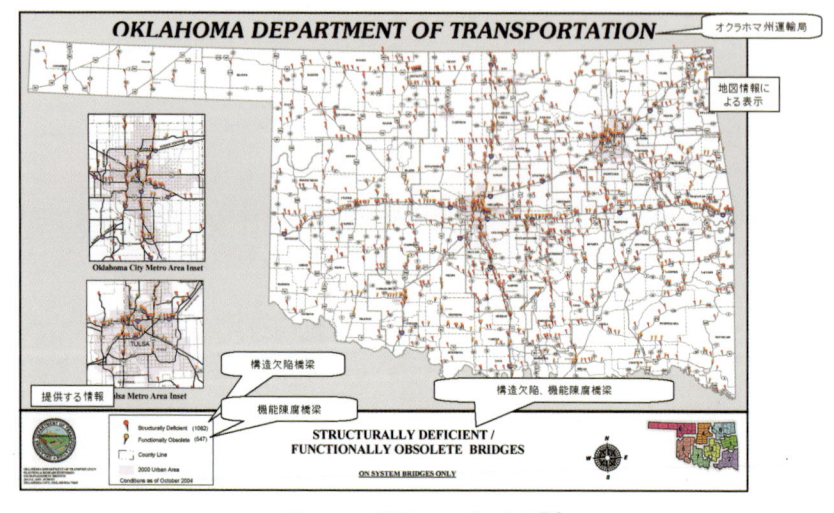

図 4-17 橋梁マップの事例[※6]

トピック　アメリカにおける橋梁の全体評価

FHWAは、TEA21において認められた橋梁の更新・改修に関する施策HBRRP（Highway Bridge Replacement and Rehabilitation Program）を適切に実施するために、橋梁ごとの状態を表す指標として、Sufficiency Rating：SRを活用している。また、各橋梁に対して、構造的欠陥（Structurally Deficient：SD）および機能的陳腐化（Functionally Obsolete：FO）を有するかどうかを示す状態フラグを使用している。SDあるいはFOでありかつSR≦80の橋梁は、Eligible Bridge List（EBL）にリストアップされる。

■ Sufficiency Rating ： SR
　計算式　SR = S1 + S2 + S3 − S4
・SR＜50の橋梁：更新あるいは補修の対象　　・SR≦80の橋梁：補修の対象

表4-7　SRの評価方法

SRの構成要素		評価項目	最大値
S1	構造的適正・安全性	・上部構造のNBI[注1]点検ランク＜Item 059＞ ・下部構造のNBI点検ランク＜Item 060＞ ・安全に使用可能な荷重レベル＜Item 066＞	55%
S2	使用性・機能的陳腐化	・構造的評価：日平均交通量と安全に使用可能な荷重レベルとの関係＜Item 067＞ ・道路幅の不十分度（車線当りの日平均交通量、車線当りの幅員）＜Item 068＞ ・桁下クリアランス＜Item 069＞　・進入路の線形＜Item 072＞ ・水路の適正＜Item 071＞ ・床版のNBI点検ランク＜Item 058＞ ・進入路の幅＜Item 032＞ ・縁石から縁石までの幅＜Item 051＞ ・車線数＜Item 028A＞　・日平均交通量＜Item 029＞ ・床版上の最小鉛直クリアランス＜Item 053＞ ・STRAHNET：Strategic Highway Networkかどうか＜Item100＞	30%
S3	公共的重要性	・迂回路の延長＜Item 019＞ ・日平均交通量＜Item 029＞ ・STRAHNETかどうか＜Item 100＞	15%
S4	特別減点	・迂回路の延長＜Item 019＞ ・主スパンの構造形式：ラーメン、トラス等＜Item 043B＞ ・交通安全性：ガードレール等＜Item 036＞	13%

注1）NBI：National Bridge Inventory；全国橋梁目録

■ Structurally Deficient（SD）：構造的欠陥
① NBI点検による状態ランクが下記のいずれかの項目に対して、4以下の場合
・Item58：床版、・Item59：上部構造、・Item60：下部構造
・Item62：カルバート、擁壁（構造形式がカルバートの場合に適用）
あるいは、
② 評価ランクが下記の項目に対して、2以下の場合
・Item67：構造的評価、・Item71：排水設備の適正
■ Functionally Obsolete（FO）：機能的陳腐化
① 評価ランクが下記のいずれかの項目に対して、3以下の場合
・Item68：床版の形状、・Item69：桁下クリアランス、
・Item72：進入路の線形
あるいは、
② 評価ランクが下記のいずれかの項目に対して、3以下の場合
・Item67：構造的評価、・Item71：排水設備の適正

4.7 情報管理方法の提案

　国土交通省は、「長寿命化修繕計画策定事業費補助事業」を創設し、自治体の橋梁管理計画の策定を支援した。次いで、国土交通省 国土技術政策総合研究所は、基礎デ要領を作成、公表した。

　それらの制度、要領は、橋梁技術講習会で、地方自治体へ今後の橋梁管理の1つの方法として紹介された。

　そのような背景を踏まえ、基礎デ要領に基づいた調査の効率化を支援する地方管理橋梁基礎データ入力システム（以下、入力システム）を提案する（本書付録）。

　入力システムは、一般的な表計算ソフト（Excel）が使えるパソコンで実行可能とすることで、より多くの自治体での利用を可能としている。

　入力システムは、以下の機能を有しており、基礎デ要領に基づいた調査の各段階での利用が可能である。

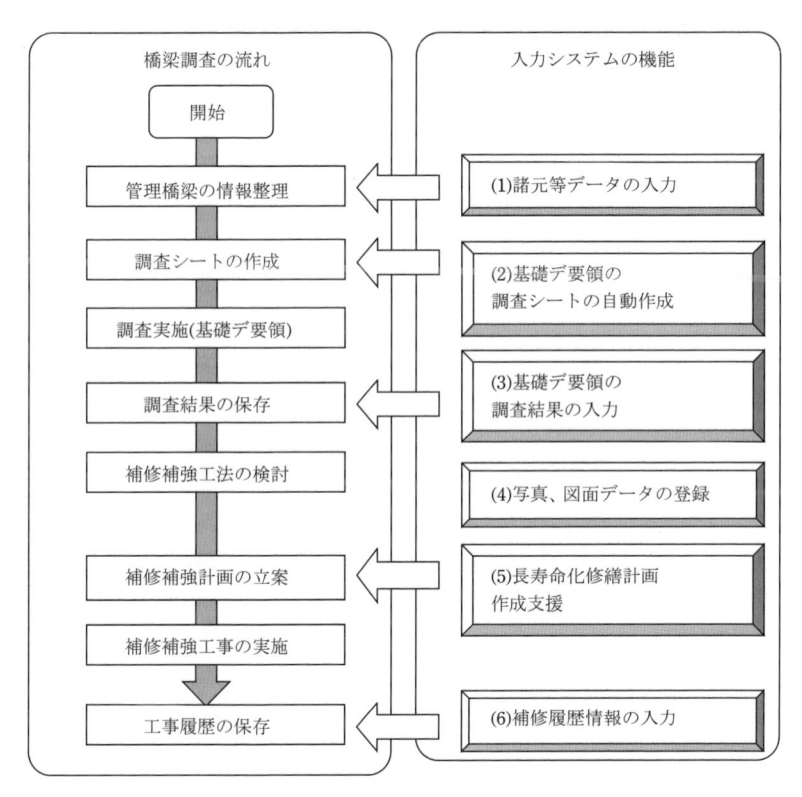

橋梁調査の流れ	入力システムの機能
開始	
↓	
管理橋梁の情報整理 ⇐	(1)諸元等データの入力
↓	
調査シートの作成 ⇐	(2)基礎デ要領の調査シートの自動作成
↓	
調査実施(基礎デ要領)	
↓	
調査結果の保存 ⇐	(3)基礎デ要領の調査結果の入力
↓	
補修補強工法の検討	(4)写真、図面データの登録
↓	
補修補強計画の立案 ⇐	(5)長寿命化修繕計画作成支援
↓	
補修補強工事の実施	
↓	
工事履歴の保存 ⇐	(6)補修履歴情報の入力

図 4-18 橋梁調査の流れと入力システムの機能

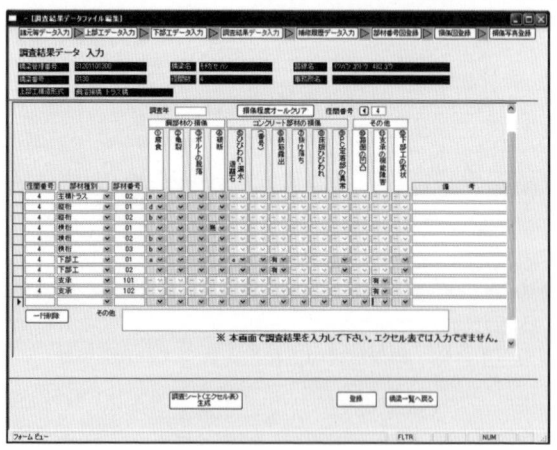

図 4-19　入力画面の例

【参考資料】
※1　道路橋の予防保全に向けた有識者会議（第1回）資料
※2　国土技術政策総合研究所資料 第 381 号
※3　道路橋に関する基礎データ収集要領（案）、平成 19 年 5 月、国土交通省国土技術政策総合研究所
※4　橋梁定期点検要領（案）平成 16 年 3 月、国土交通省 道路局 国道・防災課
※5　舗装管理支援システム運用細則（案）、平成 19 年 3 月
　　　国土交通省 道路局 国道・防災課　独立行政法人 土木研究所
※6　道路橋の予防保全に向けた有識者会議（第3回）資料

第5章　ライフサイクルコストの考え方

5.1　ライフサイクルコストとは

　ライフサイクルコスト（LCC）は、従来より建築物や機械製品などにおいて用いられている概念であり、建設（製造）段階に要する費用、耐用期間（寿命）までに要する維持管理（修理）費用および廃棄に要する費用の合計額で表される。LCCの考え方は、すでに多くの分野において、製品の設計、開発等の段階で組み入れられており、LCCを低減するための技術開発等の工夫がなされてきている。

　道路施設のライフサイクルを、建設し、適切な維持管理（点検・対策）を繰り返して、解体、撤去され、再建設される流れで考えると、図5-1のようなサイクルで表すことができる。LCCは、設定した計算期間におけるこれらの費用の合計となる。

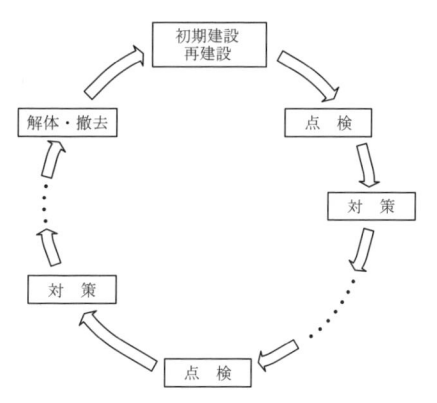

図5-1　道路施設のライフサイクル

　道路施設の維持管理においては、今までのような事後的な維持管理ではなく、長期的な視野に立った計画的かつ効果的な維持管理が必要である。このような観

点から、LCC に基づく維持管理が重要であると考えられる。

LCC には、上記で示す直接費用以外にも、工事による通行規制を伴う場合に道路利用者の時間損失等の外部費用を考える場合もある。また、美しさや快適さなど、コストに換算しにくい費用もある。

LCC の考えを道路施設の維持管理に取り入れる場合は、LCC の定義を明確にした上で、用いることが必要になる。そして橋梁、トンネル、舗装などの個々の道路構造物だけでなく、それらを一体にした道路施設群の LCC を考え、それを活用して合理的に道路施設を管理することが求められる。

既存施設の LCC 計算を行うためには、以下の点を整理しておく必要がある。
① 初期建設費用を含むかどうか
② 直接費用に加えて、外部費用も考慮すべきか
③ 割引率をどう考えるか
④ LCC の計算期間のとり方をどうするか

5.2 ライフサイクルコストの利用目的

道路施設の維持管理戦略に関する意思決定の手法として LCC を利用する目的、メリットは以下に挙げられる。
① 複数の管理パターンを設定し、その中から相対的に有利となる管理パターンを選択するために LCC 計算・比較を行うことにより、長期的な視野に立ったコスト縮減を説明することができる。
② 将来の必要事業費を算出するために LCC 計算を行うことにより、長期的視野に立った施設全体の合理的な維持管理計画の立案が可能となる。
③ ライフサイクルの中で費用が必要となる部分を把握するために LCC 計算を行うことにより、将来の技術開発のテーマや維持管理における目標を設定することができる。

5.3 社会的割引率と外部費用

(1) 社会的割引率の取り扱い

社会的割引率とは、将来において発生する費用を現在の価値に割り戻す際に適用される比率をいう。「道路投資の評価に関する指針(案)」においては、日銀統

計「全国銀行貸出約定平均金利」の実質値（物価変動を考慮に入れない）が4%であることに基づき、社会的割引率を4%に設定している。

表5-1 各国の社会的割引率

国 名	日本	ドイツ	イギリス	フランス	アメリカ	インドネシア
社会的割引率	4%	3%	8%	8%	7%	12%
出 典	注	RAS-W	COBA10	LOTI	連邦道路庁	政府

注）「道路投資の評価に関する指針（案）」道路投資の評価に関する指針検討委員会 編 1998年

表5-2 現在の費用を1とした場合の各経過年後の費用の現在価値

社会的割引率	40年後	60年後	75年後	100年後
3%	0.31	0.17	0.11	0.05
4%	0.21	0.10	0.05	0.02
5%	0.14	0.05	0.03	0.01

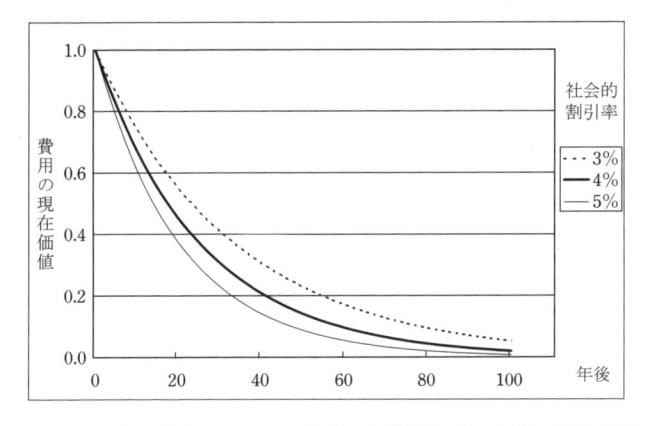

図5-2 現在の費用を1とした場合の各経過年後の費用の現在価値

LCC計算においては、以下に示すように、社会的割引率を使い分けることができる。

① 事業評価において便益・費用の比較検討を行う場合には、将来に対する時間選好を反映する目的から、各年度に発生する便益・費用を社会的割引率により現在価値に割り引くことが適している。

② 費用のみで比較検討を行う場合には、現在価値に割り引くと、対策を先送りした場合、
・コスト面では、費用をかけずに対策を先送りした方が有利になってしまう
・対策を先送りしたことによってリスクが高くなっているが、リスクがどの程度高くなっているか、そしてそれをコスト的にどう評価するかを考える必要がある。リスク評価を適切にできないまま、割引率を用いるのは好ましくない。

ある事業計画に従った将来の必要費用を算出する場合には、各年度において支払うべき費用が必要となるため、社会的割引率により現在価値に割り引くことは適していないと考えられる。

(2) 外部費用について

LCCにおいては、初期建設費、維持管理費、撤去費、再建設費などの道路管理者費用のほかに、工事に伴う規制による道路利用者への影響や環境への影響に伴う損失を費用に換算する外部費用がある。

外部費用は、道路利用者費用と沿道および地域社会の費用に大きく分けられ、これらの費用をさらに細分化し計算する。

道路利用者費用とは、車両走行費用や時間損失費用などに分けられる。車両走行費用とは、路面性状の悪化による車両損耗費や工事規制に伴う渋滞待ちのアイドリングによる燃料費などがこれに当たる。時間損失費用は、工事規制に伴う渋滞や迂回に伴う通過時間の増加による時間損失を貨幣換算したものである。また、迂回による走行距離増大に伴う事故費用なども道路利用者費用に含まれる。

沿道および地域社会の費用とは、主として環境費用であり、工事による環境への悪影響や付近への騒音等の費用がこれに当たる。

費用の計算方法の例を以下に示す。より詳細については、「費用便益分析マニュアル、平成15年8月、国土交通省　道路局　都市・地域整備局」などが参考になる。

(a) 工事規制区間の車両走行費用

工事規制区間の車両走行費用は、当該区間の通過交通量に車両走行費用原単位を掛け合わせ計算する。

車両走行費用（円/年） ＝ 規制区間通過台数（台/日）×規制区間長（km）×車両走行費用原単位（円/台·km）× 365

(b) 規制区間通過による時間損失費用

　規制区間通過による時間損失費用は、当該区間の通過交通量に1台当りの遅れ時間と時間価値原単位を掛け合わせ計算する。

　　時間損失費用（円/年）＝ 規制区間通過台数（台/日）× 遅れ時間（分）
　　　×時間価値原単位（円/分・台）× 365

　外部費用については、路線の条件（交通量、通行規制の難易度等）により影響度が異なるため、評価が難しい。また、渋滞などによる社会的損失額が巨額になった場合、実際に工事で発生する直接費用が補修工法を選定するための判断材料とならなくなる恐れもある。

　外部費用を考慮し、LCC を道路管理者費用と道路利用者費用の合計と考えた場合、舗装における LCC の計算式を次式に示す。

$$\mathrm{LCC} = 道路管理者費用 + 道路利用者費用$$

5.4　各道路施設の LCC の考え方

（1）橋梁

　LCC は一般的には、「構造物に必要とされる費用を、初期コスト、維持管理コスト、撤去コストの総計」として定義されている。

$$\mathrm{LCC} = I + M + R$$

　ここに、I：初期コスト（計画、設計、施工）
　　　　　M：維持管理コスト（点検、評価・判定、対策）
　　　　　R：撤去コスト（解体・撤去）

　新設橋梁の代替案比較をする場合は、LCC の定義は上記でよいが、維持管理においては、架替えを含めて代替案の比較検討をすることも多く、再建設費用を含めて検討することが望ましい。

　橋梁におけるライフサイクルコストは、図 5-3 に示す項目が考えられる。外部費用については、撤去して更新するまでの使用できない期間における社会的損失が考えられるが、橋梁の場合、仮橋を設置するので通行止めによる社会的損失を考慮しないことが多い。

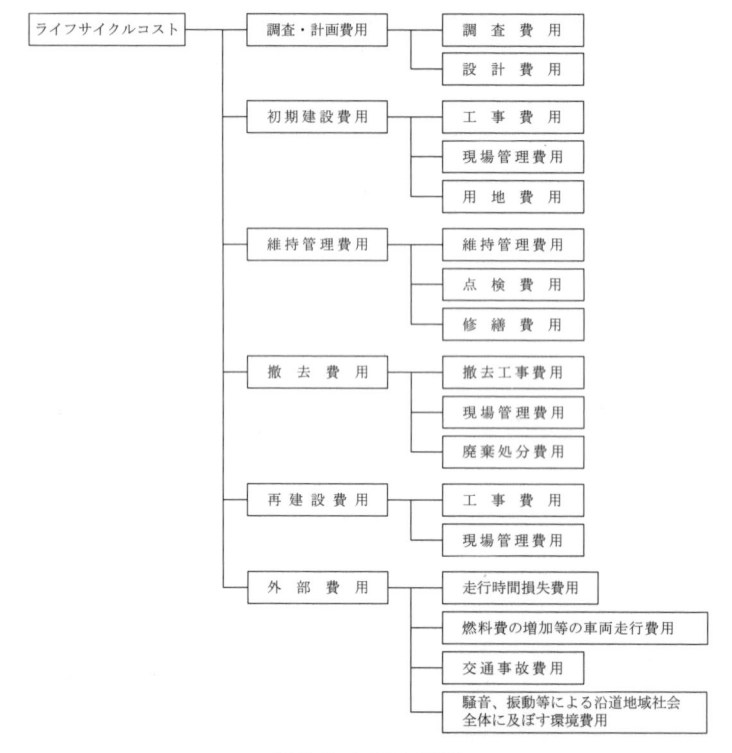

```
ライフサイクルコスト ─┬─ 調査・計画費用 ─┬─ 調査費用
                    │                  └─ 設計費用
                    ├─ 初期建設費用 ─┬─ 工事費用
                    │                ├─ 現場管理費用
                    │                └─ 用地費用
                    ├─ 維持管理費用 ─┬─ 維持管理費用
                    │                ├─ 点検費用
                    │                └─ 修繕費用
                    ├─ 撤去費用 ─┬─ 撤去工事費用
                    │            ├─ 現場管理費用
                    │            └─ 廃棄処分費用
                    ├─ 再建設費用 ─┬─ 工事費用
                    │              └─ 現場管理費用
                    └─ 外部費用 ─┬─ 走行時間損失費用
                                 ├─ 燃料費の増加等の車両走行費用
                                 ├─ 交通事故費用
                                 └─ 騒音、振動等による沿道地域社会全体に及ぼす環境費用
```

図5-3　LCC の項目

（2）舗装

　車線規制が不可避な舗装の修繕工事は、自動車交通に直接的に影響を及ぼすため、その影響が大きい道路については、道路利用者費用として、外部費用を考慮する場合もある。

　図5-4に舗装のライフサイクルとライフサイクルコストの概念を示す。

　わが国においては、舗装のライフサイクルコストの算定手法について確立されたものはないが、ライフサイクルコストの算定に用いる一般的な費用項目は、図5-5に示すように、道路管理者費用、道路利用者費用並びに沿道および地域社会の費用の3つに大別できる。

　ライフサイクルコストの算定においては、必ずしもこれら全ての費用項目について考慮する必要はない。例えば、交通量が少なく舗装工事により渋滞等の懸念がない場合などは、道路管理者費用のみでライフサイクルコストを計算してもよい。

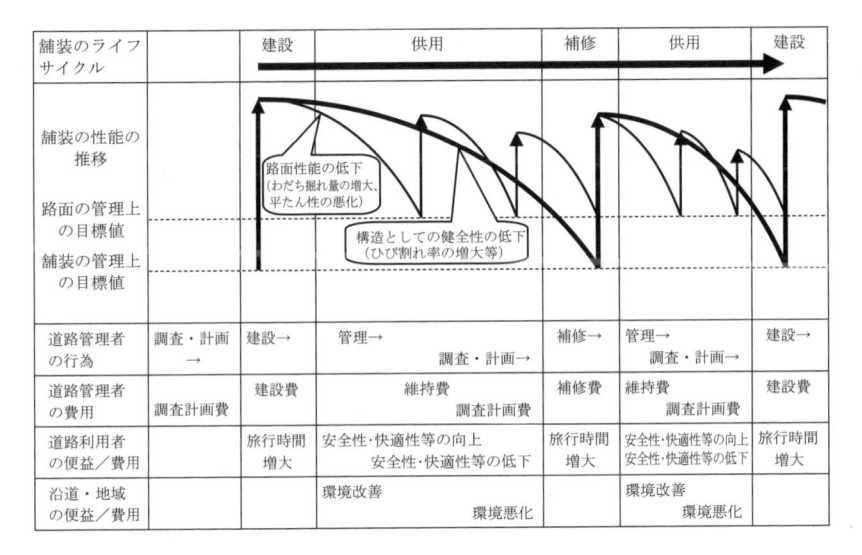

第5章 ライフサイクルコストの考え方　111

舗装のライフサイクル		建設	供用	補修	供用	建設
舗装の性能の推移 路面の管理上の目標値 舗装の管理上の目標値			路面性能の低下 (わだち掘れ量の増大、平たん性の悪化) 構造としての健全性の低下 (ひび割れ率の増大等)			
道路管理者の行為	調査・計画→	建設→	管理→ 　　調査・計画→	補修→	管理→ 　　調査・計画→	建設→
道路管理者の費用	調査計画費	建設費	維持費 調査計画費	補修費	維持費 調査計画費	建設費
道路利用者の便益／費用		旅行時間増大	安全性・快適性等の向上 安全性・快適性等の低下	旅行時間増大	安全性・快適性等の向上 安全性・快適性等の低下	旅行時間増大
沿道・地域の便益／費用			環境改善 　　　　環境悪化		環境改善 　　　　環境悪化	

図 5-4　舗装のライフサイクルの概念

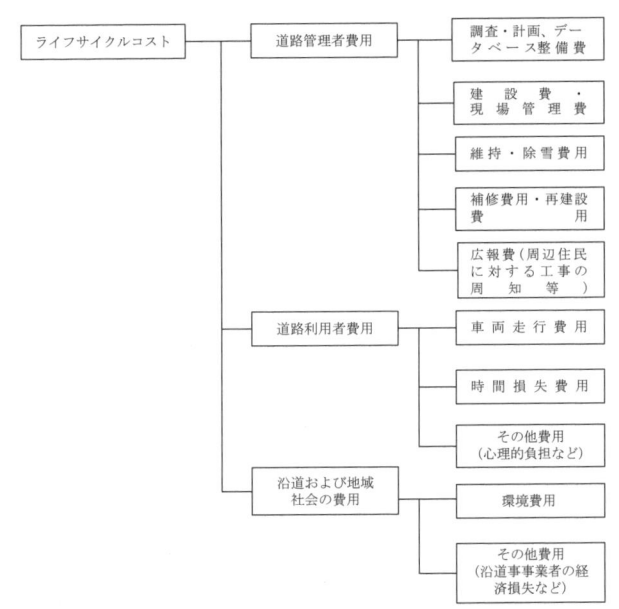

```
ライフサイクルコスト ─┬─ 道路管理者費用 ─┬─ 調査・計画、データベース整備費
                    │                  ├─ 建設費・現場管理費
                    │                  ├─ 維持・除雪費用
                    │                  ├─ 補修費用・再建設費
                    │                  └─ 広報費(周辺住民に対する工事の周知等)
                    ├─ 道路利用者費用 ─┬─ 車両走行費用
                    │                  ├─ 時間損失費用
                    │                  └─ その他費用(心理的負担など)
                    └─ 沿道および地域社会の費用 ─┬─ 環境費用
                                                └─ その他費用(沿道事業者の経済損失など)
```

図 5-5　舗装のライフサイクルコストの費用項目

[第6章　6.1（4）（5）に参考事例を示す]

（3）トンネル

　ライフサイクルコスト対象項目については、トンネルの場合、再建設という考えはないため、撤去費用、再建設費用はなく、したがって、ライフサイクルコストは建設以降の維持管理費用のみを考慮すればよいことになる。

　トンネルの変状の原因は、外力作用、材料劣化、初期不良、漏水など個別の環境に依存するため、これらの変状を理論的あるいは統計的に予測することは難しい。したがって、過去の実績から計算した年平均コストを用いてライフサイクルコストを導く方法がある。

　一方、トンネルの照明や換気設備などの付属物については、ある寿命を持つ機械としてとらえ、過去の交換実績データ等を用いて周期（サイクル）としてライフサイクルコストを計算できる

（4）樹木

　初期建設費が植栽コストに当たり、維持管理費における点検費用は巡回費用に当たり、再建設費用が植え替えコストに当たり、LCC を以下のように考えることができる。

　LCC ＝①植栽コスト＋②年間維持管理コストの算出期間内累積
　　　　＋③植え替えコスト

① 植栽コストは、イニシャルコストであり、植栽構成、植栽規格がコストの決定要素となる
② 年間維持管理コストの算出期間内累積は、年間に行われる維持管理項目ごとのコストの合計を、植栽から植え替えまでの算出期間内で全て足し合わせたものである
③ 植え替えコストは、撤去・廃棄処分コストと補植コストの合計である。植え替えは枯損したものについて行うものとし、植え替えコストに枯損率（枯損の発生率）を乗じて算出する。

　土木構造物の LCC と異なる特徴としては、植物が成長することであり、樹木の生長および寿命について、観測データの収集・蓄積を行う必要がある。

（5）土構造物

　切土・盛土などの土構造物は、一般的に変状が発生した段階で対策が実施される。盛土は、施工後圧密の進行により強度は徐々に増加するが、横断管の不具合や排水溝の目詰まりなどが原因で変状する場合が多い。

　一方切土は、施工後掘削による応力開放や風化により地山の強度が低下し、一

般的には降雨や地震等の外力が作用して崩壊する。対策については、防災対策や法面保護工が実施される場合が多く、劣化予測して対策の時期を求める橋梁や舗装などとは異なる。

このようなことから、土構造物では、LCCの概念はあまり適用されていないのが現状である。災害が発生したときの影響の程度に応じて、事前に対策が実施される場合が多い。また、点検により変状が確認された際には、原因を取り除くための対策工事が実施される。

5.5 維持管理計画におけるLCC

(1) LCC計算の単位

道路施設のLCCを考えるには、橋梁、舗装等の各道路施設を「部品」とその集合体である「全体」に分けて考えることができる。

部品は、橋梁でいうと主桁、床版等の部材であり、舗装でいうと例えば「100m単位の区間」と考えられる。そして、「部品」は、それぞれコンクリート、鋼等の「材料」で構成されているものである。

道路施設で主に用いられる、コンクリート、鋼、アスファルトの「材料」に分けて、各劣化要因を対策のポイントと併せて以下に示す。

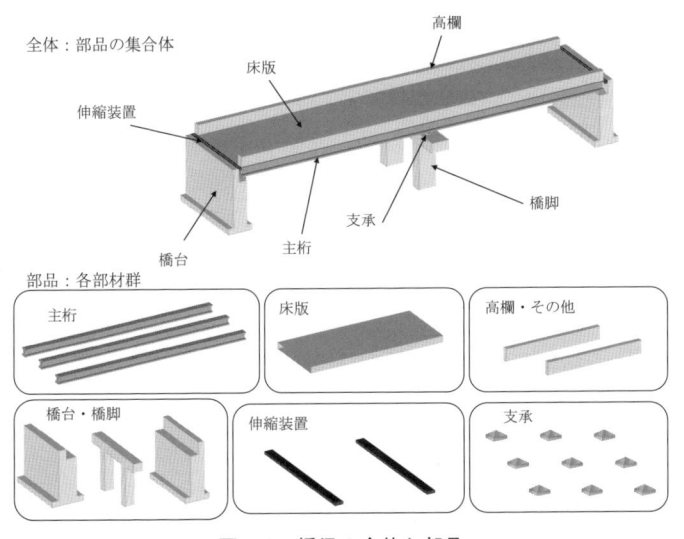

図5-6　橋梁の全体と部品

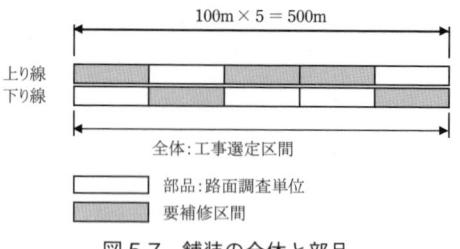

図 5-7 舗装の全体と部品

（2）材料の劣化要因

　劣化要因は、①大気中にさらされていることにより自然に経年劣化するもの、②外来塩分などの原因による環境条件によるもの、③大型車交通などの外力による繰返し荷重によるもの、に分類して考えることができる。①は構造物全てに考えられる一般的劣化である。②は塩害地域や凍害地域あるいは反応性骨材が含まれている場合など、ある条件の場合に考慮する劣化要因であり、③は交通量に起因する劣化要因である。

表 5-3　コンクリートと鋼の主な劣化要因の分類

材料	①経年劣化によるもの（自然に発生）	②環境条件によるもの	③交通量（活荷重）の影響を受けるもの
コンクリート	中性化	塩害、凍害、アルカリ骨材反応	RC床版の疲労
鋼	腐食	腐食	疲労亀裂

（a）コンクリート

　コンクリートは、通常の環境下では、大気中の二酸化炭素に触れて中性化することによって極めて緩やかに劣化するものであるが、非常に過酷な環境条件の下に置かれる場合や、設計荷重を超える過大な荷重の載荷など、想定外の外的要因が作用した場合は、急速な劣化や損傷を生じ、耐荷力が低下する場合がある。

①　中性化

［劣化機構］

　主に大気中の二酸化炭素がコンクリート内に侵入することにより、コンクリートのアルカリ分が中性化し、コンクリートによる鋼材表面の防錆効果が失われ、水分と酸素の供給により鋼材に腐食が生じる。鋼材腐食に伴う錆の体積膨張により、ひび割れ、剥離等が発生する。

［劣化予測］
　中性化は、進行はするが鋼材位置までに至っていない潜伏期、中性化深さが鋼材位置に達し、錆汁や微細なひび割れが発生する段階の進展期、さらに、加速期、劣化期という過程を経て劣化が進行する。潜伏期についてはコンクリート中の中性化深さの予測が行える。

［対策］
　劣化因子の遮断や劣化速度の抑制を目的として、表面被覆工法やひび割れ補修工法が用いられ、また、劣化因子を除去するための工法として、断面修復工法や再アルカリ化工法が用いられる。

② 塩害
［劣化機構］
　コンクリート中の鋼材の腐食が塩化物イオンの存在により促進され、膨張した錆によって、コンクリートにひび割れや剥離等が発生する。劣化を促進する塩化物イオンは、海水による飛来塩分や凍結防止剤のように構造物の外部環境から供給される場合が多い。

［劣化予測］
　コンクリート部材の塩害は、鋼材の腐食が開始するまでの潜伏期、腐食開始から腐食ひび割れが発生するまでの進展期、腐食ひび割れの影響で腐食速度が大幅に増加する加速期、および鋼材の大幅な断面減少などが起こる劣化期という過程を経て劣化が進行する。潜伏期についてはコンクリート中の塩化物イオンの拡散を予測し、腐食開始からは鋼材腐食量の予測が行える。

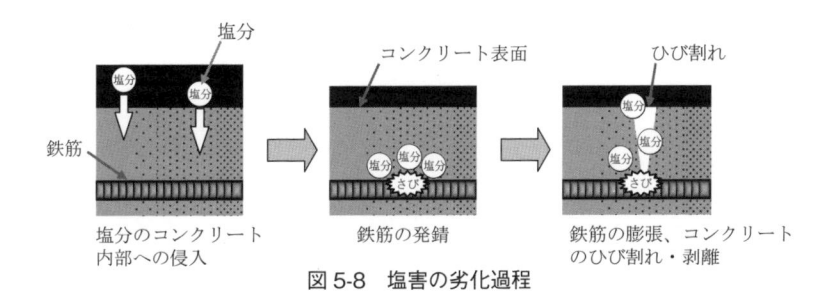

図5-8　塩害の劣化過程

［対策］
　鋼材の腐食因子の供給を低減する目的で用いられる表面被覆工法やひび割れ補修工法があり、また、鉄筋腐食の進行を低減する目的とする電気防食工法、

鋼材の腐食因子を除去する工法としては断面修復工法、脱塩工法がある。

③ 凍害
［劣化機構］
　コンクリートの細孔中の水が氷に変わるとき体積が膨張し、その引張力によって局所的にひび割れ、スケーリング（表面が薄片状に剥離・剥落）が発生する。

［劣化予測］
　凍害は、わずかな材質の差や環境条件の相違が劣化の進行程度を大きく左右し、その劣化はある段階から急速に進行することがあるので、劣化の進行パターンを代表的なものに分類し、モデル化することで劣化予測を考えることが望ましい。

［対策］
　劣化速度を抑制する工法としては、表面被覆やひび割れ補修工法があり、劣化因子を除去する工法としては、断面修復工法がある。

④ アルカリ骨材反応
［劣化機構］
　骨材中にある限度以上反応性鉱物が存在する場合、水分およびアルカリが供給される条件下で、長期にわたりゆっくり進行する損傷である。コンクリート中の高いアルカリ性を示す水溶液に反応してシリカゲル等が生成され、水分により異常に膨張し、コンクリートにひび割れが発生する。

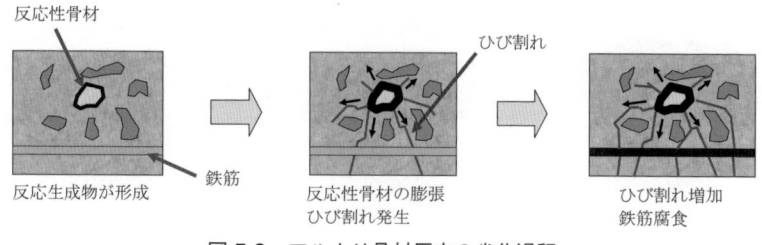

図 5-9　アルカリ骨材反応の劣化過程

［劣化予測］
　アルカリ骨材反応による構造物の劣化過程は、コンクリートの膨張量、およびそれに伴うひび割れの進展を指標とするのが望ましく、劣化予測は、コアの

第 5 章　ライフサイクルコストの考え方　　117

促進養生試験による残存膨張量より判断することが多い。
［対策］
　劣化因子の遮断や劣化速度を抑制するためには、表面被覆工法やひび割れ補修工法が用いられる。劣化部を取り除く方法として、断面修復工法が用いられる。

⑤　RC 床版疲労
［劣化機構］
　大型車交通による繰返し荷重が時間的経過により蓄積されることにより、コンクリートのひび割れが発生し、進展することにより最終的には常時の荷重下において部材が破壊に至るものである。
［劣化予測］
　主筋に沿ったひび割れが 1 方向に発生する潜伏期、さらに、主筋に沿った曲げひび割れが進行するとともに、配力筋に沿う方向のひび割れも進行し、2 方向ひび割れが発生する進展期へと進行する。さらに、ひび割れの細密化が進み加速期、劣化期と進行する。RC 床版については累積大型交通量と疲労破壊に至る繰返し数の関係から劣化予測が行える。

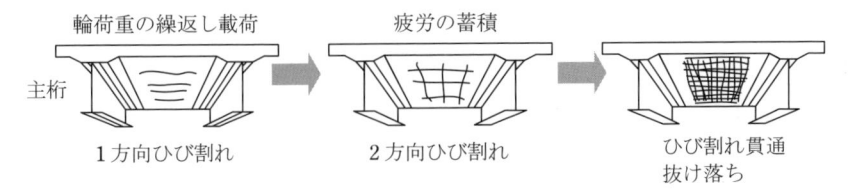

図 5-10　RC 床版疲労の劣化過程

［対策］
　2 方向ひび割れが発生する段階までは、鋼板接着工法や炭素繊維シート接着工法などによる床版下面からの対策が有効であり、これらの対策は通行規制を要しない。2 方向ひび割れが進行し、ひび割れ間隔がさらに小さくなり、遊離石灰や錆汁の流出が顕著になり抜け落ちの可能性も出てくる段階では、下面からの対策だけではなく、上面からの対策も必要になる。上面増厚工法および下面からの補強を併用したせん断補強が有効であり、耐力の向上が図れない場合は床版の打換えも視野に入れて補修計画を立てることが望ましい。

(b) 鋼材

　鋼材は自然環境の下では不安定な存在であり、酸素や水と結合して安定な状態である錆に戻ろうとする。つまり、腐食現象は鋼材にとっては自然現象であり、防食対策を施さなければ、時間の経過とともに腐食は進行し、部材断面が減少し、その程度によっては構造物の耐久性に大きな影響を与える。

　鋼構造物に生じる損傷として、その代表例となる腐食と疲労について述べる。

① **腐食**

[劣化機構]

　自然環境に置かれた鋼構造物は、水や酸性となる物質が含まれている条件下のため、そのまま放置すれば腐食反応は進行する。

　一般的な環境下では構造的要因から漏水・滞水が生じ、局所的に腐食が生じている場合が多い。海岸付近では、鋼材表面に塩分が付着すると腐食を促進し、広範囲に鋼材面の腐食は広がる。

[劣化予測]

　鋼材の腐食については、一般環境と海岸沿岸の塩化物イオンの影響を受ける地域とに分けて、経過年と錆発生面積の関係から劣化進行の予測が行える。

[対策]

　鋼橋の防食法として、現在行われている方法には以下のものがあり、最も一般的な塗装およびLCC低減の観点から着目されている耐候性鋼について記す。

　　ⓐ　塗装
　　ⓑ　耐候性鋼
　　ⓒ　溶融亜鉛メッキ
　　ⓓ　金属溶射

　ⓐ　塗装

　明治初期の油性錆止め塗装から本四架橋に使われている重防食塗装まで、種々の塗装系があるが、基本的にはある時期に来れば塗り替えが必要となる。特に塩害地域での塗り替えはこまめに行わなければ、構造物の耐荷力に影響するような腐食・孔食が生じることになる。

　ⓑ　耐候性鋼

　耐候性鋼とは、Cu、Cr、Ni等の合金元素を含有し、無塗装のまま年月の経過とともに表面に緻密で密着性の高い「錆」を形成する鋼材である。溶接構造用鋼材として優れた特性を有し、適切な計画・設計・施工・維持管理

により、無塗装で優れた防食機能を発揮するため、近年、LCC の観点から、全鋼橋に対する比率も増える傾向にある。

適用に当たっては、飛来塩分量が 0.05mdd(mdd:mg/100cm^2/day) 以下の地域では無塗装で使用できる。

② **疲労亀裂**
［劣化機構］
鋼材に外力が静的に作用し、鋼材内に発生する応力が降伏応力を下回る場合、鋼材は破壊に至ることはない。しかし、交通荷重に代表される繰り返して外力が鋼構造物に作用する場合、構造的な応力集中、または溶接形状や溶接欠陥などに起因する応力集中部から亀裂が発生し、最終的には部材の破断に至ることがある。

［劣化予測］
鋼材疲労については、溶接継ぎ手の種類、疲労強度等級に対する疲労強度曲線を用いて、応力の繰返し数から疲労劣化予測が行える。

［対策］
疲労亀裂に対する補修・補強方法を**表 5-4** にまとめる。これらの方法については、単独で用いられることは少なく、損傷要因に対応して適宜併用される場合が多い。

表 5-4　疲労亀裂の補修・補強工法

対　策	概　要
補修溶接	亀裂部を再溶接して補修する。その場合、疲労強度を向上させるような溶接の種類や処理を行う。
ストップホール	亀裂をそのままにして亀裂先端に孔をあけ、亀裂の進展を防ぐ。一般に他の補修工法と併用する。
あて板補強	亀裂発生箇所の応力集中を抑えるため、補強板を高力ボルト等で接合して補強する。
構造改良	構造的欠陥を改良する目的で、接合形状等を変更する。

(c) **舗装材料**
舗装材料には、アスファルト舗装とコンクリート舗装があるが、全舗装の約95％を占めるアスファルト舗装について以下に示す。

［劣化機構］
アスファルト舗装は一般に、表層、基層、路盤からなり、各層は交通荷重や

路床の支持力を条件に、力学的にバランスがとれるように設計される。各層が応力を分担し、順次荷重を分散するという考え方であり、上層ほど負担する応力が大きいため、高品質の材料を使用する。アスファルト材料については、舗装の種別と求められる性状、施工性や経済性を考慮して使用しなくてはならない。

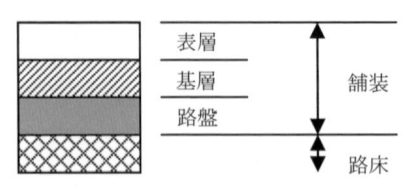

図 5-11　アスファルト舗装の基本構成

　最近では改質アスファルトが排水性舗装などで使用されていることにより、その性質や混合物の力学的特性を理解するとともに使用の限界やコストパフォーマンスについても検討することが重要である。舗装の損傷は、①路床の支持力、②大型車交通量、③舗装構成の3つのバランスを失うことによって生じる。

［主な損傷］
　ⓐ　ひび割れ
　　ひび割れの発生原因は、交通荷重や温度変化による外的要因と、舗装構造そのものの強度、およびアスファルト混合物の品質、そして施工不良などの内的要因に大別される。
　ⓑ　わだち掘れ
　　道路の横断方向の凹凸で、車輪の通過頻度の最も高い位置に規則的に生じるくぼみである。発生原因としては、重交通、スパイクチェーン、温度による外的要因と、アスファルト混合物の流動抵抗性による内部要因が挙げられる。
　ⓒ　ポットホール
　　路面に生じる小穴のことをいう。発生原因としては、車両のオイル漏れなどの外的要因と、アスファルト混合物の混合不良などの内部要因が挙げられる。

［対策］
　維持修繕工法としては、図 5-12 に示すように維持工法と修繕工法に大別される。

維持工法は、舗装の損傷を根本的に修復しようとするものではなく、あくまでも応急的な修復により、舗装の供用性を維持しようとするものである。

修繕工法は、舗装の寿命を延ばすことを目的にしたもので、維持工法に比べて工費がかさみ、通行規制などの社会的影響の出るものである。

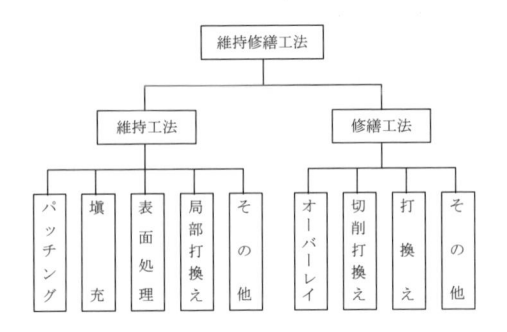

```
                        維持修繕工法
              ┌──────────────┴──────────────┐
            維持工法                      修繕工法
    ┌────┬────┬────┬────┐      ┌─────┬─────┬────┬────┐
  パッチング 填充 表面処理 局部打換え その他 オーバーレイ 切削打換え 打換え その他
```

図5-12　舗装の維持修繕工法

(d) 樹木

［劣化機構］

樹木は、生長することが特徴であり、植栽されてから成木になり、その後も生長を続ける。街路樹は、道路という多目的空間に生育しているため各利用形態に適用した形状でなければならない。このため、適切な剪定により、視距を妨げたり、建築限界を侵すことがないように管理を行う必要がある。

［対策］

枯損し老木になり、強風時などに転倒の恐れがあるものや架線その他に損害を与える恐れがあるものについては、支柱による補強、あるいは速やかに撤去し、植え替えを行う必要がある。

(3) 部材単位のLCC

図5-13に橋梁を例として、部材単位のライフサイクルコストと予防保全シナリオの優位性の試算結果を示す。

図5-13は、劣化要因として塩害の影響を受ける橋梁の一部材（コンクリート桁）に対して、設定された供用年数（予定供用年数）までのライフサイクルコストを表5-5に示す補修工法と費用を念頭に置き、4つの補修シナリオについて示した例である。

① シナリオ1は、建設時にあらかじめ外部からの塩分浸入を防ぐために表面

塗装し、その後定期的に塗り替えを行う方針である。
② シナリオ2は、コンクリート内部に塩分が浸入しているがコンクリート内部の鋼材が腐食に至っていない時期（潜伏期）に、断面修復による塩分の除去に加えて表面塗装を行い、その後定期的に塗り替えを行う方針である。
③ シナリオ3は、鋼材の腐食が開始し、ひび割れが発生する時期（進展期～加速期）に、断面修復＋表面塗装を行い、その後1回の塗り替えを行うが鋼材の腐食があるレベルに達した時点で電気防食を適用する方針である。
④ シナリオ4は、鋼材の腐食量が増加する時期（加速期）に、大規模な断面修復を実施し延命化を図るが、その後早い時期に部材の更新を行う方針である。

表5-5 コンクリート桁の補修工法別概算直接工事費の例

補修工法	概算直接工事費（千円/m^2）[注1]
表面塗装	30
断面修復（小規模）[注2] ＋表面塗装	40
断面修復（中規模）[注2] ＋表面塗装	55
断面修復（大規模）[注2] ＋表面塗装	100
電気防食	100
桁の更新	350

注1 過去の工事実績より算出
注2 断面修復は、小規模の場合、深さを5cm、補修面積を全体の10％、中規模の場合、深さを5cm、補修面積を全体の30％、大規模の場合、深さを10cm、補修面積を全体の50％と仮定

表5-6に各シナリオの予定供用期間にわたるコンクリート桁のライフサイクルコストの試算結果を示すが、より予防保全的な対応がコスト上優位であることを説明できる。

表5-6 各補修シナリオのライフサイクルコスト試算例

補修シナリオ	ライフサイクルコスト
シナリオ1	30千円/m^2 × 4回 = 120千円/m^2
シナリオ2	40千円/m^2 + 30千円/m^2 × 3回 = 130千円/m^2
シナリオ3	55千円/m^2 + 30千円/m^2 × 1回 + 100千円/m^2 = 185千円/m^2
シナリオ4	100千円/m^2 + 350千円/m^2 = 450千円/m^2

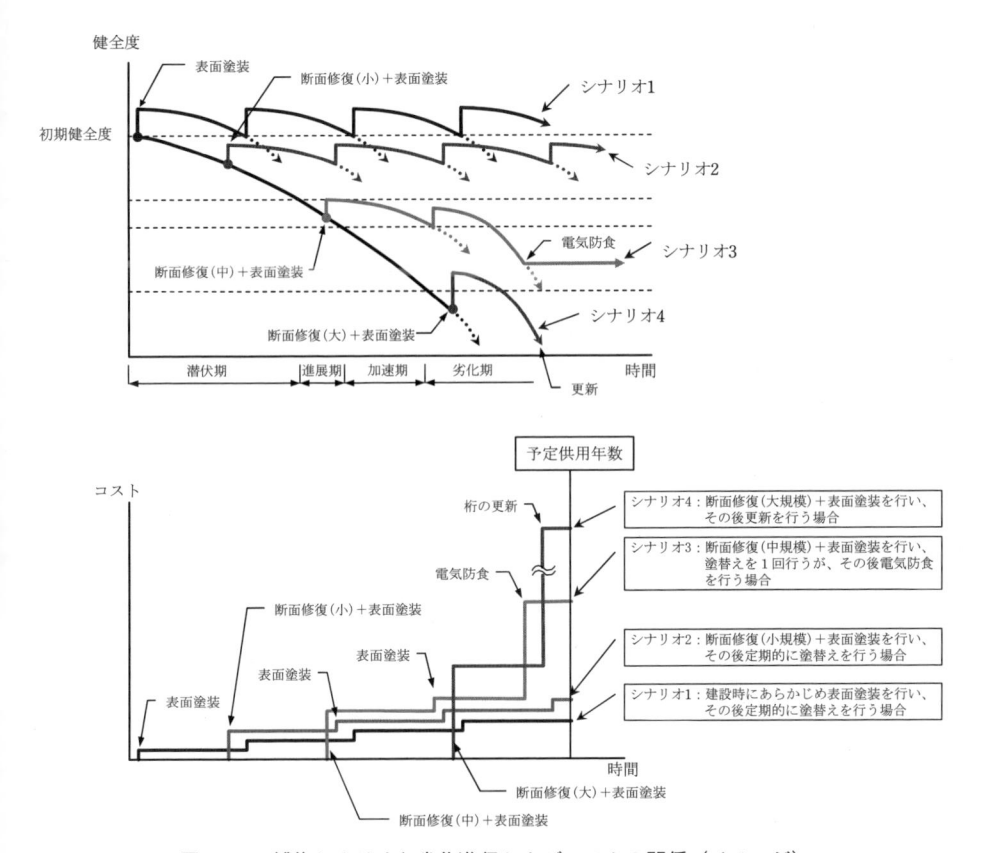

図 5-13 補修シナリオと劣化進行およびコストの関係（イメージ）

　以上のとおり、部材単位であれば、ライフサイクルコストの分析により最適な補修案の選定や予防保全の優位性評価などが可能である。
　道路構造物全体のLCCとしては、部材の集合体として各部材に発生する費用の合計と考えることもできる（ただし実際は構造物全体の工事調整等を考慮するため、必ずしも部材単位のライフサイクルコストの足し算が、構造物全体としてのライフサイクルコストには結びつかないことはある）。

> **トピック** 　**表面保護工法による部材単位の LCC**

図5-14は、表面保護工の有無および補修時期とコンクリート構造物の劣化との関係を定性的に表した概念図である。一般に、表面保護工を施さない場合には、中性化や塩化物イオンの浸入・拡散などによりコンクリートの劣化が進行し早期に性能の限界に達するが、建設当初あるいは供用期間中に表面保護工を施した場合には性能低下を遅らせることができる。

図5-14に示すように、表面保護工の施工時期の例として、次のケースが考えられる。
① 建設当初から構造物の耐久性向上を目的に予防保全的に表面保護工を施し、予定供用年数まで性能を維持する場合
② 供用後、早い段階で表面保護工を施し、供用期間中1回の補修で予定供用年数まで性能を維持する場合
③ 限界性能近くになってから表面保護工を施すため性能が低水準で推移し、供用期間中に補修を繰り返すことにより予定供用年数まで性能を延長する場合

このように、より早い段階で表面保護工を施工すれば、構造物の性能を高い水準で維持できるだけでなく、補修の回数の削減によりトータルコストの削減にもつながる。このような考え方が、ライフサイクルコストを検討する場合の基本となる。

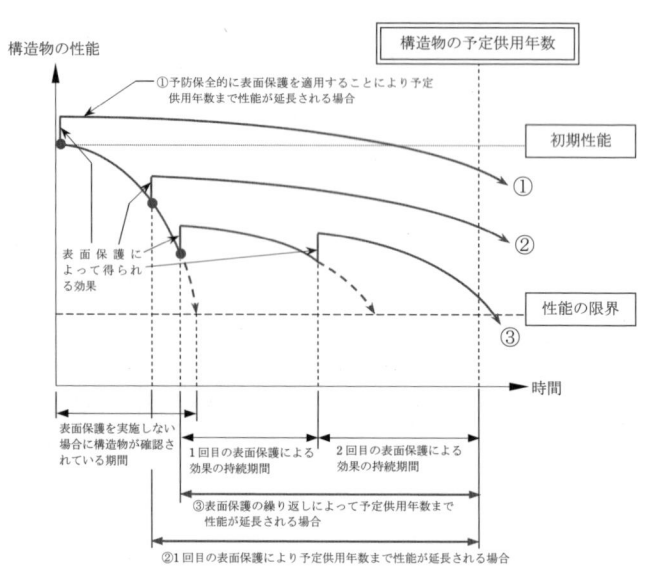

図5-14　表面保護工を適用したコンクリート構造物の性能の概念図

注）図の縦軸で示されている「性能」は、ここでは、「構造物に求められている機能が確保されているか」を示す構造物自体の「耐久性」を示すものであり、劣化の状態を表す「健全度」や「耐荷力」とは異なるものであると考えられる。

（4）LCC の計算期間

LCC の解釈には、
① 調査・計画費用、初期建設費用から再建設費用まで
② 調査・計画費用、初期建設費から撤去費用まで
③ 維持管理費から再建設費まで
④ 維持管理費から撤去費用まで

など、様々な考え方があるが、維持管理計画策定における将来の LCC については、維持管理費から再建設費までをライフサイクル期間と考えることができる。図 5-15 に時計に例えて LCC 期間の考え方を示す。

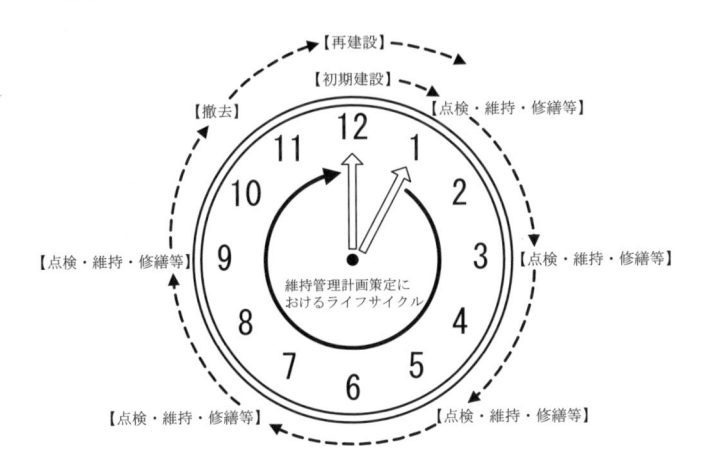

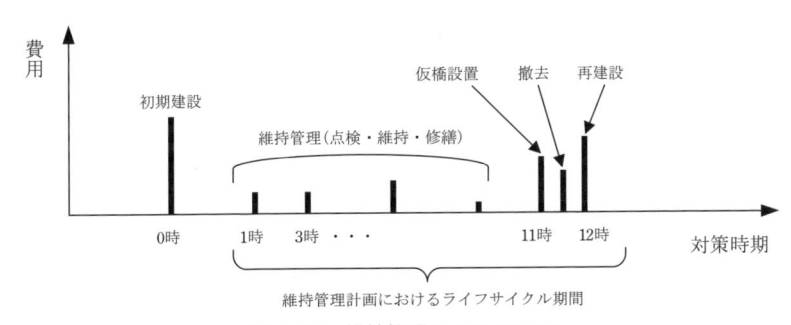

図 5-15　維持管理における LCC

注）撤去と再建設の時期については、ここでは、同じ位置での橋梁の架替え等を考え、別位置に仮橋を設置し、旧橋を撤去してから再建設することを想定して撤去を先にしている。旧橋を供用しながら別位置に新橋を架設し、路線線形を変えた後に旧橋を撤去する場合は、撤去が後になる場合もある。

維持管理計画策定における LCC を図 5-15 で示すように、「維持管理費用」「撤去費用」および「再建設費用」の合計としたのは、以下の考え方による。

① 既設の道路施設の維持管理計画策定では、将来の必要事業費の算出が目的であることから、現在以前に発生した調査・計画費用、初期建設費用、維持管理費用は LCC の対象から除くことができる。
② 将来の必要事業費の算出を主目的とした場合、橋梁等の道路構造物は、ある時点で更新（橋梁では架替え）を考慮して維持管理計画を考えるものであり、更新費用を含めて LCC 比較をすることが重要であるため、再建設（更新費用）は LCC に含めるものとする。
③ 外部費用については、通行規制が発生しない場合や交通量が少なく工事に伴う渋滞等の発生が懸念されない場合などは、外部費用がそれ以外の直接費用に比べ、小さくなるため省略することができる。

（5）比較する場合の計算期間のとり方

寿命年数が異なる複数の LCC の代案を比較する場合、計算期間の設定が重要となる。図 5-16 の例で寿命 60 年（ケース 1 実線）と寿命 100 年（ケース 2 破線）の LCC を比較する場合、期間 A では、ケース 1 実線＞ケース 2 破線となり、期間 B では、ケース 2 破線＞ケース 1 実線となるように、計算期間のとり方によって LCC の評価が変わるのは適切ではない。

また、図 5-16 で評価期間を 100 年（100 年目の更新含む）とした場合は、ケース 2 では更新直後なので新設状態であるが、ケース 1 は更新後 40 年経過しており、残存価値としてはケース 2 より低い。このように残存価値を評価せずに両者を 100 年目の累積費用で比較することは適切ではないと考えられるため、LCC の代案を比較するには、以下の 2 つの方法がある。

① 各代案の寿命までの年数の最小公倍数を計算期間とし、発生する全ての費用の合計を LCC として比較する。
② 各代案の寿命までの年数をそれぞれの計算期間とし、各代案の寿命までの累計費用を寿命年数で除した平均値で比較する（P/60 と Q/100）。
　P：寿命 60 年のケース 1 における 60 年目までの累計費用
　Q：寿命 100 年のケース 2 における 100 年目までの累計費用

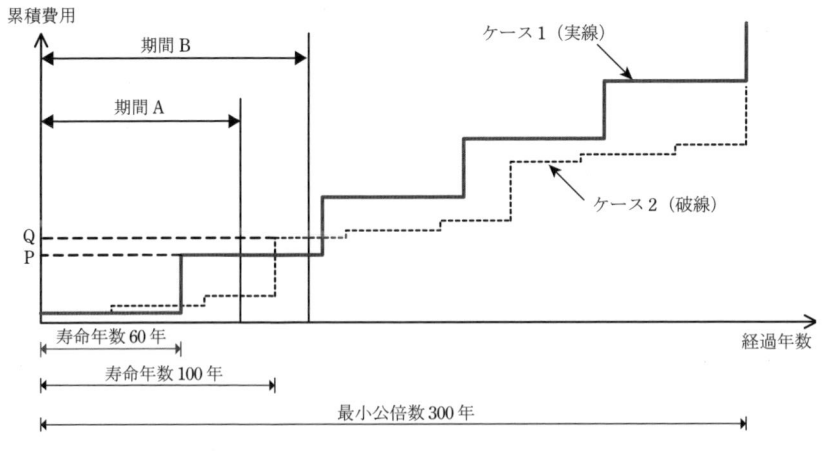

図 5-16　LCC の比較方法例

5.6　対策時期の設定

　LCC 算出による維持管理計画を立てる上で、「いつ、どのような維持修繕対策を取り得るのか」を検討するための手段の1つとして、劣化予測がある。対策の時期は、点検時の健全度を把握した上で劣化予測等を用いて設定することができる。

（1）同一工法が適用できる範囲
・橋梁各部材の健全度の評価は、点検により得られた定量的な結果（ひび割れ密度など）を用いて評価する。
・健全度の評価については、同一工法が適用できる状態（症状）の幅を考慮する。5段階で区分した場合を**表 5-7** に示す。

表 5-7　同一工法が適用できる範囲（5ランク）

例）人間		例）床版	対　策
症状	処置	状　態	(代表的工法)
健康 体温： 36度（平熱）	必要なし	ひび割れなし～1方向ひび割れ ひび割れ密度：0～3m/m²	必要なし
頭痛 風邪の気配 37度（微熱）	うがい	1方向ひび割れ、格子状でない ひび割れ密度：3～6m/m²	必要なし
風邪ひき 37～38度	風邪薬	2方向ひび割れ、格子状直前 ひび割れ密度：6～8m/m²	炭素繊維接着
高熱 仕事に支障 38～39度	病院	格子状で部分的な角落ち ひび割れ密度：8～9m/m²	上面増厚
ダウン 39～ 40度以上	入院	格子状で、ひび割れ貫通し、連続的な角落ち ひび割れ密度：9m/m²～	打換え

　劣化曲線を用いて対策時期の設定を行う場合は、縦軸の健全度は、定性的なものではなく、数値としての値をもっている定量的なものによる区切りである必要がある。

　図5-17は定量的な値としてひび割れ密度を健全度とした場合の劣化曲線を示しており、区切りは、同一工法が適用できる範囲を示している。

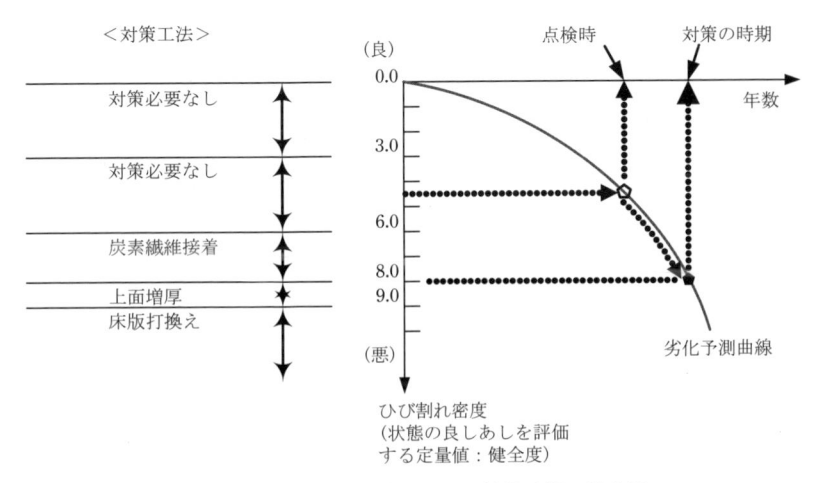

図 5-17 劣化予測曲線を用いた対策時期の設定例

(2) 劣化予測
(a) 劣化予測手法

- 設定した健全度に達する「対策時期」は、部材の種類、劣化要因、環境条件により幅があるため、劣化予測はこれらの条件ごとに行う必要がある。
- 表 5-8 に橋梁における主な劣化予測の考え方を整理する。

表 5-8 主な劣化予測手法（橋梁の例）

	概要	特徴および課題
対策時期の設定	過去の点検結果、補修実績、工学的知見等を参考に、部材ごと、劣化要因ごと、環境条件ごとに、ある健全度に至る時期を設定	・個別橋梁の部材ごとに補修時期が確定的に算定できる。 ・対策時期設定の根拠付けが課題
点検結果の統計分析	点検結果に対応する健全度と経過年の関係を統計分析することで、予測直線または曲線を作成（例：点検結果の回帰分析）	・個別橋梁の部材ごとに補修時期が確定的に算定できる。 ・点検結果に基づく分析であり、設定根拠が明確である。 ・各橋梁の環境条件、交通条件等により、点検データを分類することで、予測精度の向上が可能 ・予測精度は点検データの質性に依存する。
劣化予測式（理論式）	劣化メカニズムに応じた理論的予測式を使用（例：中性化の進行予測、塩化物イオン量の予測）	・個別橋梁の部材ごとに補修時期が確定的に算定できる。 ・予測式の理論的根拠が明確である。 ・理論的予測式を適用できる劣化要因が限定される。 ・劣化予測のための調査データが必要

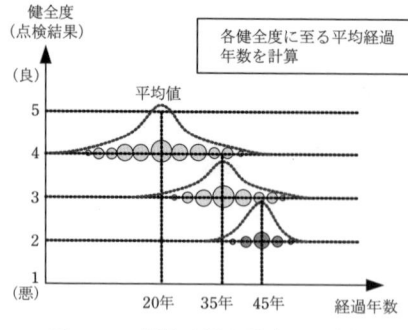

図 5-18 対策時期を設定する方法

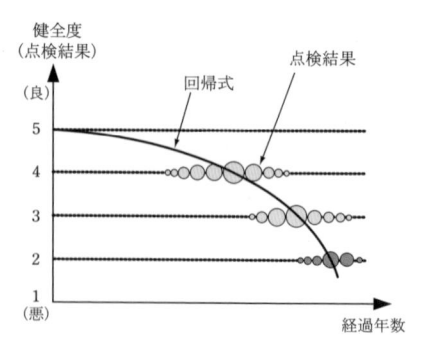

図 5-19 統計分析により劣化予測式を作成する方法

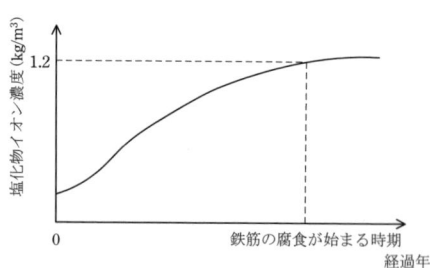

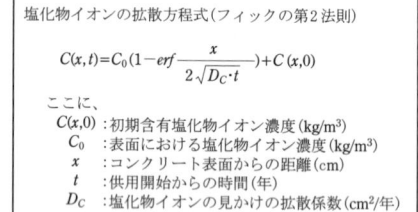

塩化物イオンの拡散方程式(フィックの第2法則)

$$C(x,t)=C_0\left(1-\mathrm{erf}\frac{x}{2\sqrt{D_C\cdot t}}\right)+C(x,0)$$

ここに、
$C(x,0)$: 初期含有塩化物イオン濃度 (kg/m³)
C_0 : 表面における塩化物イオン濃度 (kg/m³)
x : コンクリート表面からの距離 (cm)
t : 供用開始からの時間 (年)
D_C : 塩化物イオンの見かけの拡散係数 (cm²/年)

図 5-20 理論的な劣化予測式を用いる方法
（塩害による劣化の例）

(b) 橋梁における劣化予測手法

表 5-9 に橋梁の部材ごとの主な劣化予測手法を整理する。

第5章　ライフサイクルコストの考え方　131

表 5-9　橋梁各部材の劣化予測手法の例

材質	部材	考慮する劣化要因	劣化の程度を評価するための指標	予測手法	予測に必要なデータ
鋼	桁 床版 支承 伸縮装置 橋脚 副部材	材料劣化 (塗装劣化・腐食)	錆の発生面積	統計処理による予測式の作成	・要因別損傷データ (予測式作成に使用)
		疲労(亀裂) (対象：桁、床版、橋脚のみ)	亀裂の有無	S-N 関係式による疲労損傷予測	・応力頻度測定結果 (橋梁ごと)
コンクリート	桁(RC, PC) 床版(RC, PC) 橋台 橋脚 副部材	疲労 (対象：床版のみ)	疲労損傷度 D	S-N 関係式による疲労損傷予測	・大型車交通量 ・コンクリート強度 ・床版諸元など
		塩害	全塩化物イオン量 鋼材の体積減少率	・拡散方程式による塩化物イオン量予測 ・理論式による鋼材の体積減少率予測	・海岸からの距離 ・水セメント比 ・最小かぶり厚など
		アルカリ骨材反応	残存膨張量	統計処理による予測式の作成	・要因別損傷データ (予測式作成に使用)
		中性化	中性化残り 鋼材の体積減少率	・$\sqrt{t}$ 則による中性化進行予測 ・理論式による鋼材の体積減少率予測	・水セメント比 ・コンクリート強度 ・最小かぶり厚など
		凍害	凍害深さ	統計処理による予測式の作成	・要因別損傷データ (予測式作成に使用)
ゴム	支承 伸縮装置	材料劣化	—	定期的な交換で対応	・交換実績データ (交換サイクル設定に使用)

(c) PONTIS における劣化予測手法

　米国の橋梁マネジメントシステムで使用されている「PONTIS」は、遷移確率による劣化予測手法を用いている。「健全度」は、「対策実施の単位」で、同一対策が適用できる範囲を示している。したがって、図 5-21 の 1～5 のランクはこの場合、定量的値をもっているものでなく、定性的な区分である。

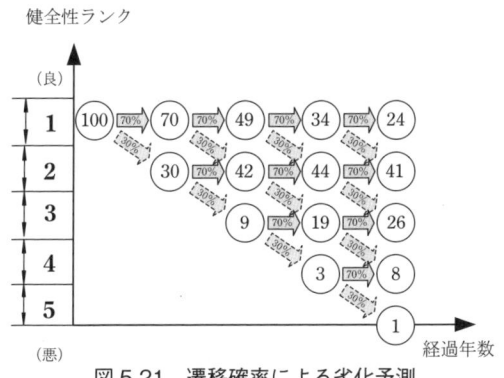

図 5-21　遷移確率による劣化予測

表5-10 PONTISの劣化予測手法

	概要	特徴および課題
遷移確率	各健全性ランク間の遷移確率を用いて、各健全性ランクの比率の推移をマルコフ過程により計算	・構成する部材（要素）の現在価値（ドル）を足し合わせることで橋梁全体の価値を算出している。 ・個別橋梁の部材ごとに補修時期、補修費用が算定できない。 ・点検結果等により遷移確率を設定するため根拠が明確である。 ・個別橋梁ではなく、橋梁群を対象とした（マクロな）投資計画が可能 ・最適化問題を定式化し解くことが可能

[第6章 6.1（8） に参考事例を示す]

(d) 舗装における劣化予測手法

直轄国道における舗装管理システムにおける劣化予測手法を以下に示す。

予測式は、予算要求のため、3年サイクルの路面性状調査に基づき、調査を行わない年度の路面性状値を補完し、各路線の評価をある年度で横並びにするために検討された。1～3年の予測という、短期の予測で十分であることなどから、実データを用いた1年当りの増分を基本とした予測式である。

予測式の一般形は、ひび割れ率、わだち掘れ量、平たん性の直線回帰式による一次式で、以下のような漸化式になっている。

$$x_{i+1} = ax_i + b \quad (x\text{は、}i\text{年目、}i+1\text{年目の路面性状値、}a\text{と}b\text{は係数})$$

なお、舗装の劣化予測手法として、縦軸を健全度とし、直線回帰の一次式で設定する場合もある。

(3) 対策時期の設定

① 対策の時期は、点検結果から点検時の健全度（状態の良しあしを評価する定量値）を把握した上で、劣化予測を用いて計算することができる。
② 点検時の健全度の把握方法は、以下のとおり。
・点検結果が定量値の場合は、劣化予測曲線の縦軸上で直接把握する。
・点検結果が定性的な損傷度区分の場合は、設定した点検結果と健全度ランクの関係から健全度ランクを特定する。
・健全度ランクには幅があるため、劣化予測曲線の縦軸上で当該ランクの中央値を健全度として設定する。
③ 健全度ランクは同一規模の対策が適用できる状態の幅を考慮して設定しており、各健全度ランクに対応する対策工法は、当該健全度ランクに対応す

る同一規模の複数工法の中から代表的な工法を設定する。
④　各健全度ランクに応じた対策工法の実施時期は、LCC の計算上、健全度ランクが次の段階に悪化する直前、すなわち対策工法の規模が次の段階に至る直前の時点とし、劣化予測曲線を用いて計算する。対策時期については、各部材の対策時期を足場の兼用などを考慮した工事調整を行う場合もあるため、一律に決められるものではないが、ここでは、同一健全度ランク内では同一規模の対策工法が適応でき、実施時期が遅い方がライフサイクルコスト縮減の観点から有利であるとの観点から「次の段階に至る直前の時点」としている。劣化曲線から対策時期の設定を行う方法を橋梁の床版を例に、図 5-22 に示す。

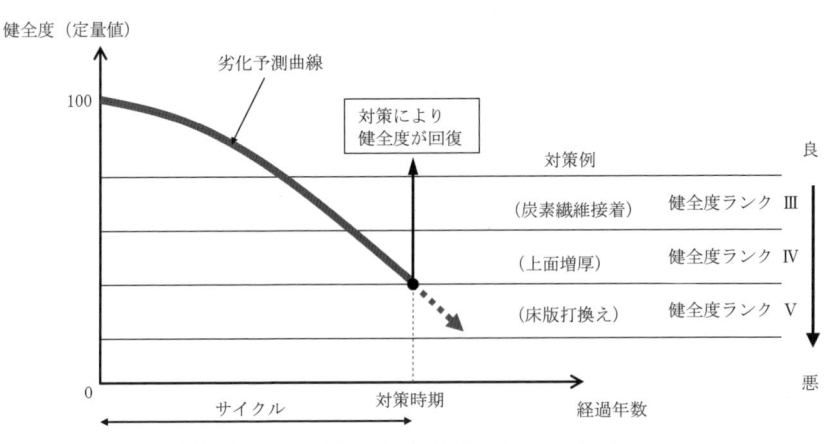

図 5-22　LCC 計算のための対策時期の設定方法

5.7　費用の計算

（1）対策工法および単価の設定

・LCC 対象項目のうち、維持管理費用、更新（撤去、再建設）費用については、対策の規模に応じた代表的な工法を設定し、その費用を算出する。
・費用の計算方法は、積算資料に基づき積み上げる方法、実勢単価に対策数量を乗じて求める方法、過去の対策実績から平均単価を計算し対策数量を乗じて求める方法など様々な方法がある。

(2) 橋梁における対策工法と費用

橋梁に着目した場合の主な損傷に対する代表的対策工法と単価を表5-11に示す。単価は、直接工事費の参考値であり、過去の実績等から設定したものである。

なお、支承取換えおよび伸縮装置交換以外の単価は、橋面積（幅員×径間長）当りの単価を示す。

表5-11 橋梁の補修工法の例

損傷要因	補修工法		単価		外部費用の発生の有無
塗装劣化・腐食	再塗装（3種ケレン）		3,000	円/m²	無
	再塗装（1種ケレン）		8,500	円/m²	無
	架替え		400,000	円/m²	有
鋼材疲労	桁	補修溶接	4,500	円/m²	無
		当て板補強・横桁増設	65,000	円/m²	無
	鋼床版	補修溶接	2,500	円/m²	無
		当て板補強	15,000	円/m²	無
床版疲労	炭素繊維接着		50,000	円/m²	無
	上面増厚		80,000	円/m²	有
	床版打換え		220,000	円/m²	有
塩害	表面塗装		35,000	円/m²	無
	断面修復		65,000	円/m²	無
	電気防食		100,000	円/m²	無
	電気防食更新		110,000	円/m²	無
	下部工大規模補修		140,000	円/m²	無
	架替え		330,000	円/m²	有
中性化	炭素繊維接着		50,000	円/m²	無
	断面補強		85,000	円/m²	無
	下部工大規模補修		140,000	円/m²	無
	架替え		330,000	円/m²	有
経年劣化	支承取換え		850,000	円/基	無
	伸縮装置交換		150,000	円/m	有
	その他部材補修		6,000	円/m²	無
	桁、床版、下部工部分補修		5,000	円/m²	無

※対策工法および単価については、以下のような不確定要因があることに留意する必要がある。
①実際に適用される対策工法は、個々の部材の損傷状況、環境条件等によって様々に変化する可能性がある。
②将来的には、技術の進歩に伴い大幅なコスト縮減を可能とする新技術工法が開発される可能性もある。
③将来にわたる物価変動により、工事単価が変動する可能性がある。

5.8　LCC を用いたマネジメント

近年、国内外の関係各機関において、ライフサイクルコストの概念を導入して、道路構造物（舗装、橋梁等）の将来にわたる維持管理計画を合理的にシミュレーションできるマネジメントシステムが活発に研究開発されている。ライフサイクルコストの概念を導入した道路構造物のマネジメントフローを図 5-23 に示す。マネジメントシステムは、このフローをシステム化（プログラミング化）したものであり、舗装および橋梁におけるマネジメントシステムとして、PMS、BMSがある。

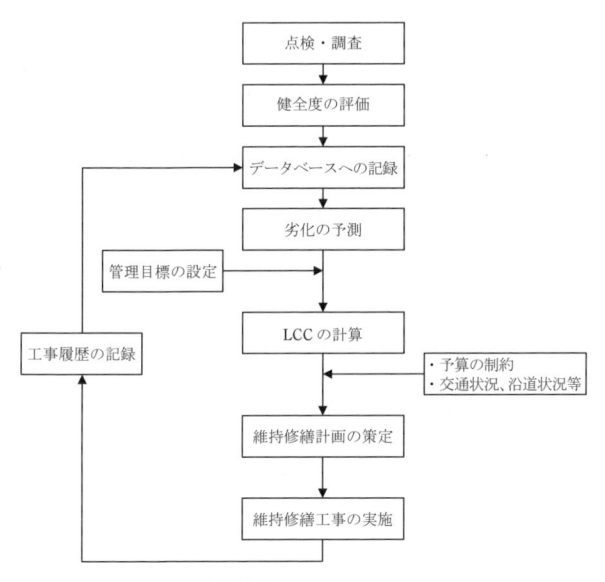

図 5-23　道路構造物のマネジメントフロー

（1）舗装マネジメントシステム（PMS）

PMS（Pavement Management System）は、自動車交通の発達したアメリカにおいて 1970 年頃から研究開発が行われており、舗装に関する計画、設計、建設、維持、修繕、評価、財源、便益、研究など、多くの複雑なプロジェクトを総合的・体系的に、供用期間中の道路の運営をマネジメントするものである。システムの特徴は、計画、設計段階から、設計期間内の舗装の利用者に対するサービスを一定に保つための費用、いわゆる道路に関連した環境影響や時間損失などや維持修繕費の合計を最適化する経済解析が中心になっている。

国土交通省では、旧建設省技術研究会「舗装の維持修繕の計画に関する調査研究（昭和54～56年度）」においてPMSの研究に着手され、昭和57年度に舗装の現況評価や修繕計画作成のための舗装データバンクシステムを開発し、昭和58年度より各地方整備局で運用を開始した。

　その後、旧建設省技術研究会「舗装の管理水準と維持修繕工法に関する総合的研究（昭和60～62年度）」において舗装管理システムの基本構成が構築され、各地方整備局での運用などにより改良を進め、現在では、舗装に関する日常管理、補修計画等の業務支援に活用されている。図5-24に直轄国道のPMSの概要を示す。

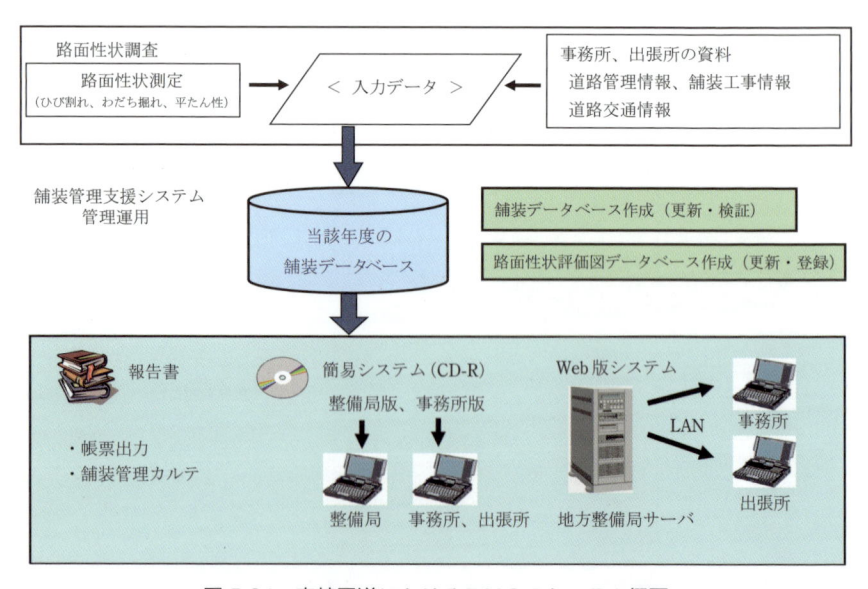

図5-24　直轄国道におけるPMSのシステム概要

（2）橋梁マネジメントシステム（BMS）

　BMS（Bridge Management System）は、各橋梁の諸元、点検データ、補修履歴データ、環境条件等を入力し、個別の橋梁をいくつかの部材群（桁、床版など）の集まりと考え、部材ごとにあらかじめ設定した劣化予測手法により現在および将来の健全度を予測し、複数の管理方針に対して対策時期、コストおよび健全度のシミュレーションを行い、予算の必要性の説明や限られた予算の下、適切な維持管理計画立案を支援するためのシステムである。

　国土交通省では、平成17年度から国道事務所における短期的な橋梁管理計画

策定の支援に活用することを目指し、試行的に運用している。これは、過去の実験や理論に基づいた予測式による劣化予測および点検結果から損傷の進行している橋梁を確実に抽出し、進行性の損傷についての予防的な対策を判断するための情報を提供することで補修計画策定の意思決定の支援を行うものである。図5-25に直轄国道のBMSの概要を示す。

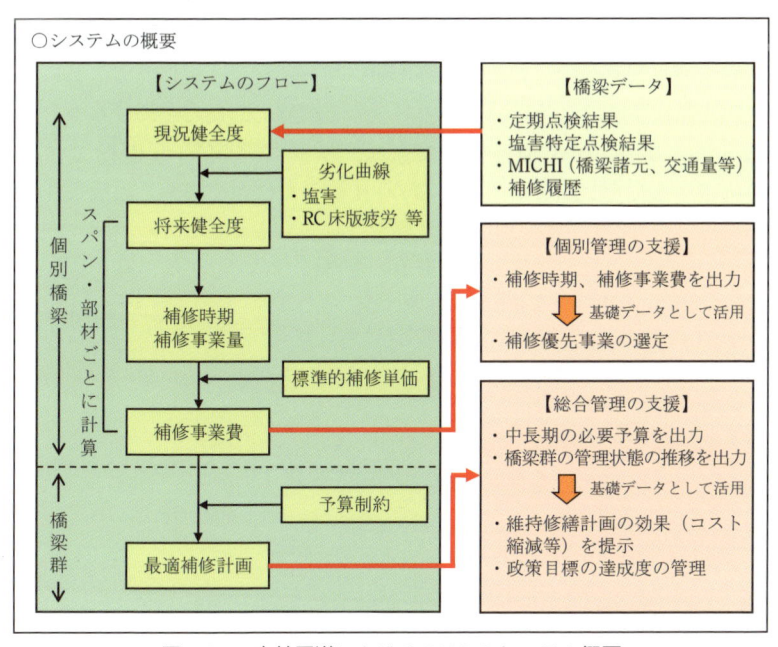

図5-25　直轄国道におけるBMSのシステム概要

［第6章　6.1（1）（2）に参考事例を示す］

（3）中長期保全計画支援シミュレータ

　中長期保全計画支援シミュレータ（以下、中長期シミュレータ）とは、橋梁のLCC計算を活用して「将来の必要事業費」「予算制約が道路網のサービス水準に与える影響」を計算するなど、橋梁の維持管理計画立案の支援ツールとして研究開発した計算プログラムである。
　特徴は、インプットとして、地方自治体が保有している橋梁諸元（架設年、橋長、幅員等）などの橋梁を表現するミニマムの基本情報だけあれば、点検を実施していない場合でもシミュレーションが可能だということである。これらのデー

タを用いて、1橋ごとに部材単位で計算したLCCを橋梁単位で合計し、各年度の必要費用を地域単位で計算することができる。また、各年度に予算制約がある場合に、その結果として発生が危惧される「要注意橋梁」を抽出することができる。ここで、「要注意橋梁」とは、適切な時期に補修・架替えが実施されないため橋梁部材の劣化進行に伴い耐荷力が低下すると仮定し、「通行規制」や「通行止め」が必要となる橋梁をいう。

　もう1つの特徴は、LCC計算時の対策時期の設定方法であり、既往の劣化予測式や過去の対策実績の統計的分析等を用いて、部材ごと劣化要因ごとに同一の対策時期を設定することで計算のメカニズムを明確にした点が挙げられる。この点は、直轄国道におけるBMSとの相違点であり、直轄国道のBMSでは1橋ごとの計画策定支援を目的としているため、1橋ごとに適用基準、環境条件等に応じて劣化予測計算を行い個別の対策時期を計算している。

　中長期シミュレータの機能、考え方等の詳細については、第7章付録に示す。

第6章　アセットマネジメントの取り組み事例

　本章では、前章までで解説した道路アセットマネジメントを、導入・運用する上で参考となる以下の事例を紹介する。

6.1　道路アセットマネジメントの事例
　（1）青森県　～橋梁マネジメントシステム～
　（2）静岡県　～橋梁マネジメントシステム～
　（3）横浜市　～橋梁維持管理における優先度評価～
　（4）静岡県　～舗装のアセットマネジメント～
　（5）町田市　～住民に身近な道路のアセットマネジメント～
　（6）高速道路株式会社（NEXCO）の総合保全マネジメント（ARM^3）
　　　　　　～道路経営と結びついたアセットマネジメント～
　（7）東京都　～道路アセットマネジメントによる戦略的な予防保全型管理～
　（8）アメリカの橋梁管理システム　～PONTIS～
　（9）橋梁点検要領

6.2　アセットマネジメントを支援する仕組み
　（1）NPO法人橋梁メンテナンス技術研究所
　　　　　　～民間団体による支援活動～
　（2）民間企業とのスポンサー契約による維持管理費の確保
　（3）維持管理業務の民間委託
　（4）道路の維持管理における管理瑕疵責任と道路賠償責任保険

6.1 道路アセットマネジメントの事例

(1) 青森県 ～橋梁マネジメントシステム～

1.5、3.1、5.4(1)、5.8(2)参照

青森県では、橋梁マネジメントシステム（BMS）を構築し、橋梁データのオンラインでのやりとりを可能にして、大幅な省力化を実現するとともに、LCCをコンピュータ処理によって算出することによって、予算計画の精度向上を図っている。

(a) 点検支援システム

点検支援システムでは、点検員がタブレットPCを携帯し、入力したデータは事務所の端末システムにより自動処理され、点検調書が自動作成される仕組みとなっており、点検における大幅な省力化を実現している。

また、このデータは、点検後に行われるライフサイクルコスト（LCC）算出や中長期予算計画の策定にも用いることができるシステムとなっている。

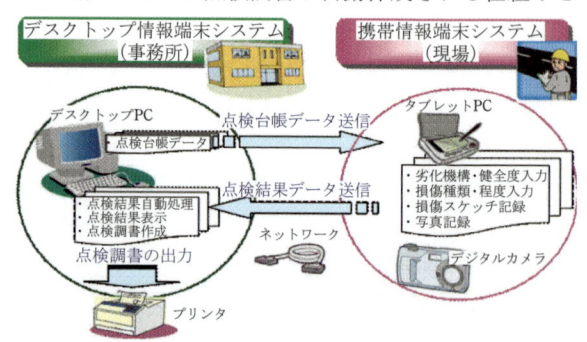

図6-1 点検支援システムのイメージ[※1]

(b) LCC算出

① 維持管理シナリオ

どのタイミングで対策を実施するかを、青森県のシステム内では「維持管理シナリオ」として定義付けしている。

シナリオには、6種類＋オプション1種類の「長寿命化シナリオ」および「更新シナリオ」の計8種類の維持管理シナリオが設定されている。これらの中から現場状況に合わせて数種類のシナリオを選定し、LCC算出が可能なシステムとなっている。

表6-1 維持管理シナリオ

	シナリオ名称	シナリオ概要
長寿命化シナリオ	A-1 戦略的対策シナリオ	永久架橋を目指す戦略的管理
	A-2 LCC最小シナリオ	新橋におけるLCCミニマム
	B-1 早期対策シナリオ（ハイグレード型）	劣化損傷が早期な時点で対策
	B-2 早期対策シナリオ	B-1の対策よりも初期コストを抑制した対策
	C-1 事後対策シナリオ	利用者の安全性に影響が出始める前で対策
	C-2 事後対策シナリオ（構造安全確保型）	C-1の対策時期を遅らせる
	E 電気防食シナリオ（オプション）	コンクリート桁材に対して電気防食を行う
更新シナリオ		上部工更新 床版更新

② 劣化予測

　アセットマネジメントを進めるに当たって必要となる劣化予測式は、既存の研究成果・点検データ・学識経験者の知見等から作成し、システム内に取り込んでいる。青森県では地理的特徴から塩害・凍害による損傷が他の地域と比べ顕著であることから、部材・劣化機構・環境条件別に1022種類の劣化予測式を設定し、劣化予測の精度向上を図っている。

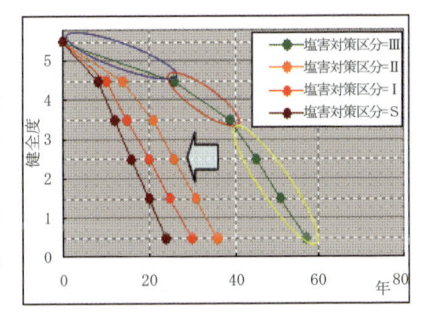

図 6-2　劣化予測式例（RC 部材の塩害）[※1]

③ シナリオ別 LCC 算出

　劣化予測式を基に、シナリオ別、橋梁部材別に LCC を算出できるシステムとなっており、その種類は 250 種類以上となっている。これにより、各シナリオでの総管理費および健全度の推移を把握することが可能となっている。

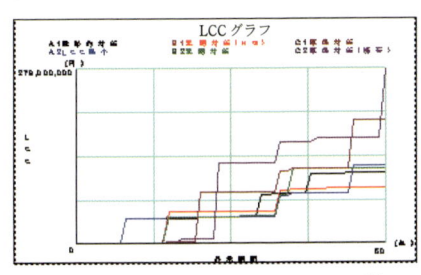

図 6-3　シナリオ別 LCC[※1]　　図 6-4　シナリオ別健全度[※1]

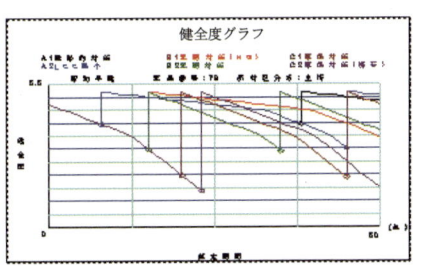

④ 中長期予算計画の策定

　前述した LCC を全橋梁で集計し、5カ年で必要となる予算を計算する。
　青森県では、維持管理費用の平準化を基本方針として掲げており、突出して維持管理費が大きくなる年度が発生した場合には、「維持管理シナリオ」を変更することによって、予算を平準化する手法をとっている。

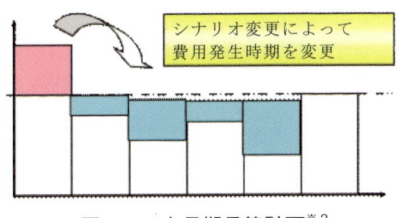

図 6-5　中長期予算計画[※2]

(2) 静岡県 ～橋梁マネジメントシステム～

1.5、3.1、5.4(1)、5.6(2)参照

静岡県は、平成16年度に「橋梁ガイドライン」と「橋梁点検マニュアル」を策定し、平成17年度より点検結果の入力のための「点検調書作成システム」を構築、「橋梁点検マニュアル」等に基づく点検を開始した。

平成19年度に橋梁点検の1巡目を終え、平成20年度までにおおむね10年間を対象とする「長寿命化修繕計画」とおおむね50年間を対象とする「中長期管理計画」を策定、平成21年度には計画に基づく維持管理を開始する予定である。

(a) 橋梁点検

橋梁点検は、橋長や架橋年数、緊急輸送路の指定状況などから、概略点検と詳細点検に区分して実施している。

概略点検については、道路構造物の状況は県職員が把握すべきとの方針の下、土木事務所職員が実施している。点検業務のための増員等は行っていない。

また、職員のための解説書として「作業手順書」と「報告書作成要領」、現場携帯用の「ポケットブック」を作成し配布している。

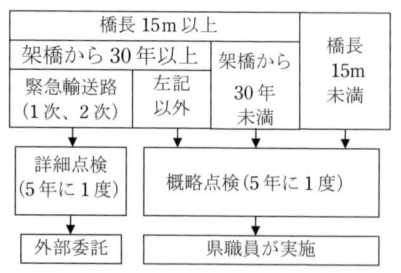

図6-6 点検の頻度と水準、実施体制の考え方[※3]

(b) 「橋梁ガイドライン」の中長期管理計画の策定手法

部材ごとに点検結果から算出される状態評価（健全度と将来の劣化予測）、経済性評価（LCCの算出）を基に、優先度評価と予算の平準化の検討を行い、中長期管理計画を策定している。

部材単位で最適化された中長期管理計画を基に、年度ごとの事業実施、交通規制や足場の兼用、事業の効率性等を考慮し、橋梁単位・路線単位の事業実施の比較等を行い、最終的な事業実施のための中長期管理計画を策定している。

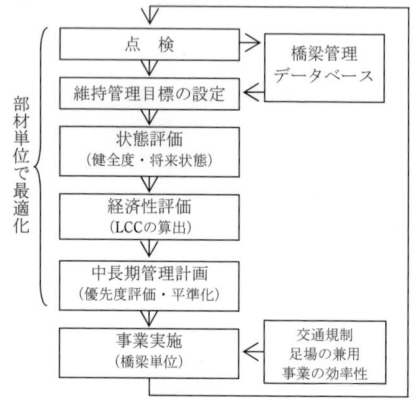

図6-7 中長期管理計画の策定の流れ[※3]

(c) 橋梁アセットマネジメント支援システム

　橋梁アセットマネジメントを支援するシステムとして、点検調書を作成するため「点検調書作成システム」が整備されている。このシステムに、橋梁基本データと橋梁点検結果を入力することにより、橋梁台帳、橋梁一般図、概略点検調査票、損傷写真台帳、診断書（健全度、参考補修費等）を作成することができる。「点検調書作成システム」は、各土木事務所に配布され、入力は点検を行った職員が行っている。

　このほか、補修台帳を作成するための「補修台帳作成システム」と維持管理計画を策定するための「維持管理支援システム」が構築されている。

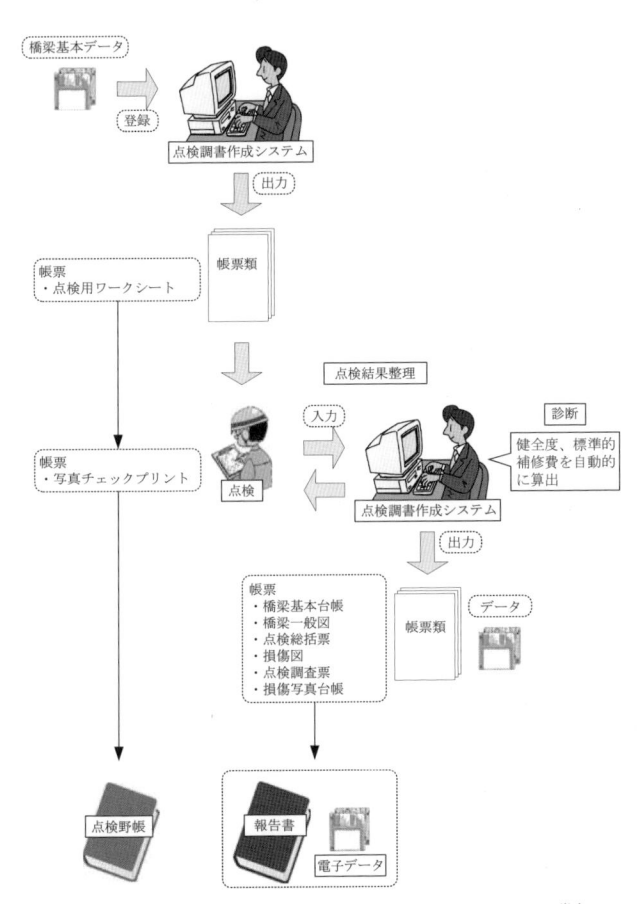

図6-8　点検調書作成システムによる点検記録の流れ[※4]

（3） 横浜市　〜橋梁維持管理における優先度評価〜

3.1 (4) 参照

　道路管理者が管理する橋梁には、大規模な橋梁から小規模な橋梁、幹線道路に位置する橋梁から生活道路の橋梁まで、多種多様な橋梁がある。限られた予算の中で、これらを同レベルで管理していくことは不可能であり、どの橋梁に重点を置くかを、適切かつ(利用者の目から見て)公平に判断する必要がある。

　ここでは、横浜市の橋梁維持管理における優先度評価の方法について紹介する。

（a）橋梁の管理区分

　管理対象橋梁を「主要橋梁」「一般橋梁」「土木遺産橋梁」に大別し、さらに「主要橋梁」は重要度・交差条件により3グループに、「一般橋梁」は橋梁規模により2グループに分類している（合計6グループ）。

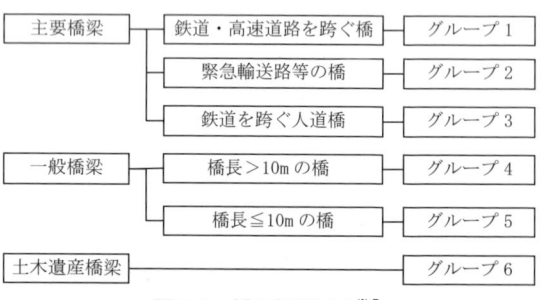

図 6-9　橋梁管理区分[※5]

主要橋梁	→	鉄道・高速道路を跨ぐ橋	→	グループ1
	→	緊急輸送路等の橋	→	グループ2
	→	鉄道を跨ぐ人道橋	→	グループ3
一般橋梁	→	橋長＞10mの橋	→	グループ4
	→	橋長≦10mの橋	→	グループ5
土木遺産橋梁			→	グループ6

　この管理区分とH16〜H18年度までに全橋梁について実施する橋梁点検結果により、その後の点検方法・頻度や管理レベルを設定している。

表 6-2　橋梁管理区分と点検[※6]

管理区分				名称	点検方法・頻度	
グループ1 グループ2	グループ3	グループ4	グループ5		詳細点検	通常点検
YBHI＜70				1G	1回/6年	詳細点検の3年後
70≦YBHI＜80	YBHI＜80			2G	1回/8年	詳細点検の4年後
80≦YBHI	80≦YBHI	YBHI＜70		3G	1回/10年	詳細点検の5年後
		70≦YBHI＜80	YBHI＜80	4G	1回/16年	詳細点検の8年後
		80≦YBHI	80≦YBHI	5G	—	1回/10年

YBHI：横浜橋梁健全度指標

　また、管理レベルを決定するに当たっては、損傷度評価において該当橋梁が特に多いBランクの橋梁をBとB+とに区分し、管理レベルを細分化している。

表 6-3　橋梁管理区分と管理レベル[※6]

点検要領 損傷度	健全度	管理レベル		
		グループ 1・2・3	グループ 4	グループ 5
OK	4	定期監視	定期監視	定期監視
C	3	定期監視	定期監視	定期監視
B	2	補修・補強検討	要監視	定期監視
B+	1.5	補修・補強検討	補修・補強検討	要監視
A	1	大規模補強対策(架替え等)	大規模補強対策(架替え等)	大規模補強対策(架替え等)

(b) 優先度評価
① 横浜橋梁健全度指標（YBHI：Yokohama Bridge Health Index）

健全度指標は、要求性能3項目について、各要求性能に影響する橋梁部位別の重み係数を設定し、点検によって評価した各部位の損傷度と合わせて、橋梁全体の健全度を算出する仕組みとなっている。

$YBHI = \Sigma (a_i \cdot W_i) / \Sigma (W_i) \times 100$

a_i ：損傷の健全度指標（右表参照）

W_i ：損傷に対応する要求性能・部材・損傷種別に応じた重み係数

健全度	a_i
4	1.00
3	0.60
2	0.30
1	0.00

ex) グループ2橋梁の安全性・床版・抜け落ちの場合の重み係数 W_i ※5

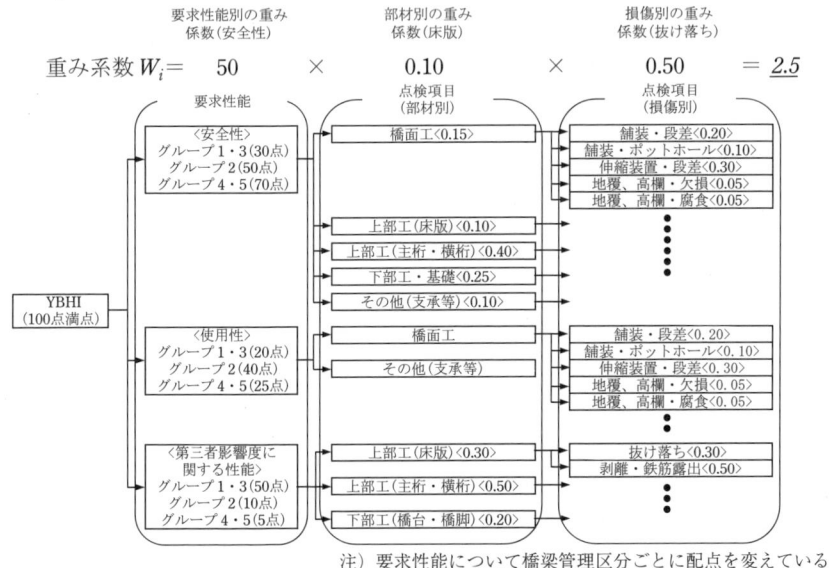

重み系数 $W_i =$ 50（要求性能別の重み係数（安全性）） × 0.10（部材別の重み係数（床版）） × 0.50（損傷別の重み係数（抜け落ち）） = **2.5**

要求性能
- 〈安全性〉
  - グループ1・3（30点）
  - グループ2（50点）
  - グループ4・5（70点）
- 〈使用性〉
  - グループ1・3（20点）
  - グループ2（40点）
  - グループ4・5（25点）
- 〈第三者影響度に関する性能〉
  - グループ1・3（50点）
  - グループ2（10点）
  - グループ4・5（5点）

YBHI（100点満点）

点検項目（部材別）：
- 橋面工〈0.15〉
- 上部工（床版）〈0.10〉
- 上部工（主桁・横桁）〈0.40〉
- 下部工・基礎〈0.25〉
- その他（支承等）〈0.10〉
- 橋面工
- その他（支承等）
- 上部工（床版）〈0.30〉
- 上部工（主桁・横桁）〈0.50〉
- 下部工（橋台・橋脚）〈0.20〉

点検項目（損傷別）：
- 舗装・段差〈0.20〉
- 舗装・ポットホール〈0.10〉
- 伸縮装置・段差〈0.30〉
- 地覆、高欄・欠損〈0.05〉
- 地覆、高欄・腐食〈0.05〉
- 舗装・段差〈0.20〉
- 舗装・ポットホール〈0.10〉
- 伸縮装置・段差〈0.30〉
- 地覆、高欄・欠損〈0.05〉
- 地覆、高欄・腐食〈0.05〉
- 抜け落ち〈0.30〉
- 剥離・鉄筋露出〈0.50〉

注）要求性能について橋梁管理区分ごとに配点を変えている

② 横浜橋梁重要度指標（YBPI：Yokohama Bridge Public Index）

重要度指標は、緊急時の輸送路となるかなど5項目について重み係数を設定している。また、交通量によっても重み係数を設定しているが、交通量データが整備されていない箇所もあるため、車道幅員により重み係数を設定している。

③ 優先度指標（P：Priority）

最終的な優先度は、YBHIとYBPIの合算により評価している。

$P = a_1 \times (100 - YBHI) + a_2 \times YBPI$

ここで $a_1 = 0.6$、 $a_2 = 0.4$　←路線重要度よりも健全度をやや重視している

（4） 静岡県　～舗装のアセットマネジメント～

3.1、3.2、4.3(3)、5.4(2)参照

　静岡県では、平成17年度に、点検や維持管理計画の策定、事業実施の手法を定めた「舗装ガイドライン」を策定し、平成19年度には1つの土木事務所を対象に舗装アセットマネジメントの試行を実施している。

(a) 維持管理計画の策定手法

　路線を100mごとに細分化した評価区間について、将来状態を予測、LCC（ライフサイクルコスト）を算出し、20年間の予算計画を策定している。

　また、事業実施に向けては、予算計画を基に、実際の施工区間ごとの事業実施計画を策定している。

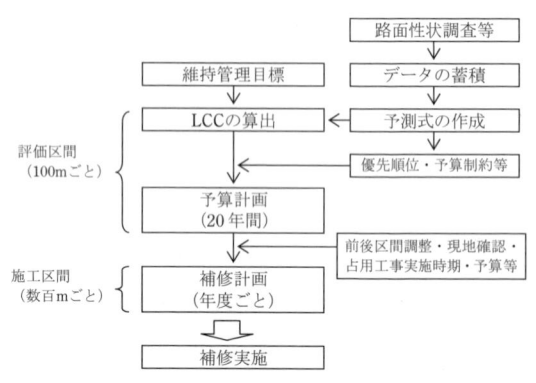

図6-10　維持管理計画の策定の流れ[※3]

① 評価指標

　舗装を管理する上での評価指標は、道路管理に従来から利用しており、10点評価で県民や財政担当者にも説明しやすい維持管理指数（MCI）を採用している。

② LCC（ライフサイクルコスト）の算出

　LCCは、道路管理者費用と道路利用者費用を合計したもので、評価区間（100m）ごとに工法パターンごとに算出する。工法パターンは、打換え間の補修（修繕）は3回まで、「OL（オーバーレイ）」と「表面処理」はそれぞれ2回までとして7パターン設定している。

表6-4　工法パターン別ＬＣＣ算定イメージ[※7]

No.	工法パターン	道路管理者費用＝(修繕費＋維持費)－残存価値			道路利用者費用	ＬＣＣ総計	順
		合　計	修繕費＋維持費	残存価値			
1	打換え→表面処理→OL→………	27,870,192	34,613,992	6,743,800	77,415,640	105,285,832	6
2	打換え→OL→表面処理→………	26,179,832	33,280,632	7,100,800	78,527,289	104,707,121	5
3	打換え→OL→OL→表面処理→…	25,163,208	33,269,208	8,106,000	77,923,475	103,086,683	3
4	打換え→OL→表面処理→OL→…	25,167,016	33,273,016	8,106,000	77,942,697	103,109,713	4
5	打換え→表面処理→表面処理→OL→…	23,624,776	31,758,776	8,134,000	72,699,830	96,324,606	1
6	打換え→表面処理→OL→表面処理→…	23,769,676	31,758,776	7,989,100	72,853,135	96,622,811	2
7	打換え→打換え→	25,769,856	33,625,256	7,855,400	94,545,723	120,315,579	7

第6章　アセットマネジメントの取り組み事例　147

③ 予算計画（シミュレーション）

評価区間（100m）ごとに、LCCが最小となる工法パターンによる費用を算出している。

さらに、年度ごとの予算を集計して管理路線の全補修費を算出し、年度予算制約などを考慮して平準化の検討を行っている。

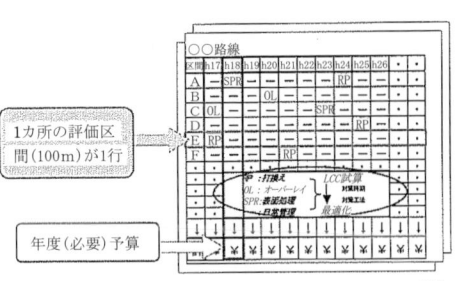

図6-11　年度ごとの補修費用の算出イメージ[7]

④ 優先順位

優先順位は、MCI に基づき、以下の考え方で評価している。

第1優先：当該年度の予想 MCI ＜ 2.0 のデータのうち、予想 MCI の小さい順
第2優先：当該年度の予想 MCI ≧ 2.0 のデータのうち、「LCC の差額」の大きい順
※LCC の差額＝（その年に補修した場合のトータル LCC）－（工事を1年遅らせたときの LCC）

⑤ 補修計画

予算計画を基に、優先順位の高い評価区間の前後区間を数百mの区間にまとめて優先順位を整理し直した上で、現地の状況や占用工事実施時期等を加味して最終的な施工区間を決定し、当該年度ごとの補修計画を策定している。

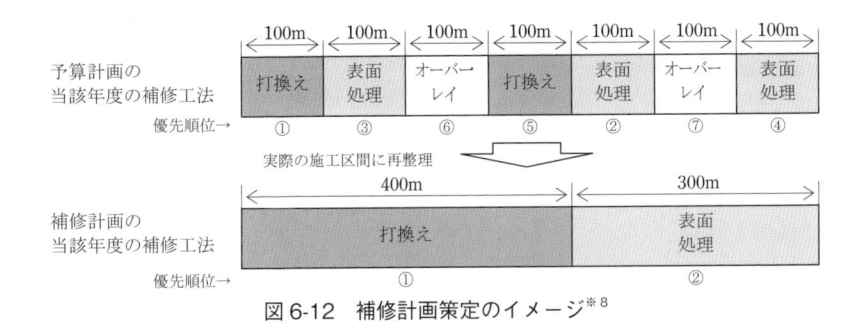

図6-12　補修計画策定のイメージ[8]

(b) 今後の課題

舗装アセットマネジメントの試行では、最も経済的な予算計画を策定したものの、実際の事業実施段階では地元要望や現地の状況などにより差異が認められた。

今後、新たな補修工法の実証実験から舗装を延命させるための有効なデータを蓄積するなど、継続して検討を進めていく。

(5) 町田市 ～住民に身近な道路のアセットマネジメント～

4.3(3)、5.6参照

人口約42万人の町田市では、市が管理する幹線・準幹線道路と生活道路について、舗装アセットマネジメントの検討を行っている。

ここでは、平成19年度の検討の概要を紹介する。

(a) 幹線・準幹線道路の舗装アセットマネジメントの検討

町田市では、都市計画道路や広域的な交通を補助する道路等の路線を幹線・準幹線道路と位置付けており、平成19年度から幹線・準幹線道路の舗装アセットマネジメントの検討を行っている。

この中で、劣化状況の評価指標、道路の分類、劣化予測の3点が課題となっている。以下では、これらの課題と対応策の検討状況を紹介する。

① 劣化状況の評価指標

舗装の劣化状況の評価指標は、平たん性、ひび割れ率、わだち掘れ率の3つが一般的であるが、実際に評価してみると平たん性の評価が低い区間が多くなった。現地を確認したところ、取付道路のすり付けやマンホールが多く、埋設物の掘削工事も頻繁で、平たん性の評価が難しいことが判明した。また、走行性への支障も少ないため、「平たん性」を評価指標から除き「ひび割れ率」と「わだち掘れ率」で評価することとしている。

図6-13 マンホール[9]　　図6-14 埋設管復旧跡[9]

② 道路の分類

町田市の道路は、住宅地を通過する路線が多く、近隣住民から補修の要望が多い。また、大型車の通行による劣化の進行も大きな課題となっている。

このため、路線を「宅地に面する道路延長の割合」と「舗装計画交通量」を指標として3つに分類し、分類ごとに管理水準を設定し補修路線を選定する手法を採用している。

舗装計画交通量	宅地に面する道路延長の割合			
	100～70%	70～50%	50～30%	30～0%
C交通	分類1			
B交通		分類2		
A交通				
L交通				分類3

図6-15 路線の分類[10]

③ 劣化予測

　町田市の道路は、路線ごとに路床支持力や交通量が違い、舗装劣化の進行が異なるため、一律の劣化予測式の策定に苦慮した。このため、数路線を選定し、路線ごとの劣化推移を集計し、これらを平均して路線全体の劣化予測式を決定することとしている。

(b) 生活道路の舗装アセットマネジメントの検討

　今後、町田市の生活道路の維持管理費は膨大な金額が見込まれる。また、従来、年間約 4,000 件寄せられる市民からの道路補修の要望に、その都度、職員が対応してきた。このような生活道路の維持管理を効率化するため、舗装診断調査と補修工事の実施方法の検討を行っている。

　今後、平成 20 年度に全路線の調査を終え、平成 21 年度には維持管理計画を策定し、補修を開始する予定である。

　以下では、平成 19 年度の検討の概要を紹介する。

① 舗装診断調査の方法

　生活道路については路面性状調査を実施していない。このため、舗装劣化状況を把握する舗装診断調査から着手することとなった。

　効率的に調査するため、現地で劣化状況をスケッチと 3 枚程度の写真で記録し、これを点数化して 5 段階評価する簡便な調査方法を考案した。

　舗装診断調査は、1 年間で全路線を調査する計画で、詳細については、さらに検討を行うこととしている。

図 6-16　舗装診断調査結果をまとめた平面図（試行中）[※9]

A　補修の必要なし
B　当面補修の必要なし
C　将来補修が必要
D　近い将来補修が必要
E　補修が必要

この背景の地形図は町田市が公共測量により作成したものです。
（平 19　開公 139 号）

② 補修工事の実施方法

　補修の優先度が高い路線において、舗装診断調査の結果を事前に占用企業者に提示する。占用企業者が工事を行う場合は市と調整を行い、合同で工事を行うことで、コスト削減を図ることを目指している。

(6) 高速道路株式会社（NEXCO）の総合保全マネジメント（ARM³）
～道路経営と結びついたアセットマネジメント～

2.4、4.5参照

NEXCO では、保全業務の一連のサイクルを体系的に確立し、多種多様にわたる複雑な事業の中から優先度を決めて事業の選定をするとともに、限られた資金内で最大限の効果を発揮する事業計画の策定に取り組んでいる。

この実現のため、業務プロセスの再構築を行い、中・長期的な視点に立った意思決定を支援し、包括的に道路事業を運営する「総合保全マネジメント」（以下、ARM³ という）を導入し、「事業成果（アウトカム）を重視した事業投資」「道路構造物の長期的な性能確保」「顧客の満足（CS）を志向した事業推進」「高速道路の管理運営に関する説明責任」の 4 つの行動方針の下、道路保全事業の戦略や目標を明確に設定し、客観的な意思決定指標（成果指標）を基に事業計画を立案している。

事業実施後は効果の評価を行い、次期計画に反映する「計画策定（Plan）」「事業実施（Do）」「事業評価（Check）」「改善（Action）」サイクルを構築し、事業の評価と改善による効率的な事業の運営を行うとともに透明性を確保している。

(a) 成果指標（アウトカム指標）の設定

ARM³ では、道路構造物の状態、サービスレベルなどの現状、事業の実施によって得られる効果を、一般の方々にもわかりやすい最終アウトカム指標と、個々の事業効果の発現をチェックするための中間アウトカム指標を階層的に設定している。

これらの指標と道路保全事業の関係を体系化することにより、アウトカム指標による目標設定と事業実施により得られる効果を評価することが可能としている。

(b) 事業計画の策定

道路保全事業の計画策定は、道路資産の現状把握と期間内の劣化予測を行い、管理水準や CS の目標設定を行った上で、個々の維持・修繕の候補事業をリストアップし、各々の事業効果を予測した後、目標を達成するための最適な事業の組み合わせを選定している。

ARM³ では、事故削減や渋滞緩和など候補事業の効果を貨幣価値として換算し比較する手法に加え、CS など貨幣換算が困難な要素も含めた個別事業の効果、コスト、成果目標の重みの関数から個々の事業に優先付けを行い、経営方針や資

金制約の条件に応じて最適な事業の組み合わせを選択している。

(c) 事業の評価と次期計画への反映

事業が完了した後は、事業の実施によって得られた成果を評価し当期の実績を次期計画へ反映するため、事務所別・路線ごとに目標の達成状況や課題等の確認を行っている。

これは、PDCA サイクルの最も重要なステップとして位置付けており、次期計画にその評価結果を反映させることとしている。

(d) 今後の課題

今後は、さらなる ARM^3 の完成度向上を目指し、適正な管理水準の追求や事業効果予測手法、CS 分析手法の精度向上等の充実を図っていく予定である。

また、ミッション、ビジョンに向けた重点的な事業戦略立案やそれに基づく客観的な業務評価の具体的手法については、他の民間会社において実績のあるフレームワークやマネジメントツールの活用も視野に入れた上で、戦略志向の組織を築き上げる必要があると考えている。

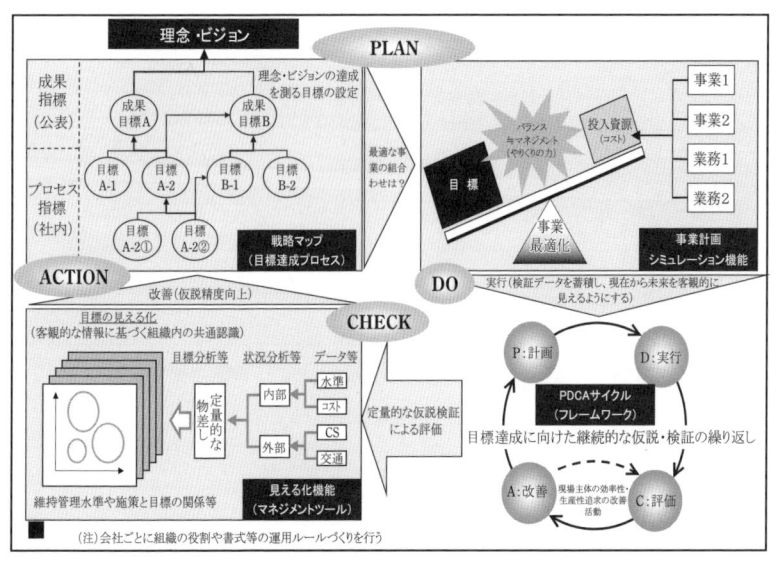

図 6-17　ARM^3（総合保全マネジメント）概念図[※11]

（7） 東京都　～道路アセットマネジメントによる戦略的な予防保全型管理～

4.4参照

東京都では、管理する道路施設を資産としてとらえる道路アセットマネジメントを導入し、昭和62年から行っている定期点検結果を基に、個別橋梁の劣化速度や道路施設から生み出される便益等を算出し、道路施設の客観的な診断、評価を行っている。

平成19年度には、平成18年度までに構築した道路アセットマネジメントシステムを使って、個別道路資産の将来を予測するとともに、効率的で効果的となる対策を最適に組み合わせた30年間の計画を策定している。

（a）道路アセットマネジメントの導入状況

東京都では、平成16年度からアセットマネジメントの導入に向けた取り組みを開始している。平成18年度末に、複式簿記、発生主義会計を支援する道路資産管理システムを含む統合データベースシステムと最適化システム等による道路アセットマネジメントシステムを稼動し、現在、橋梁長寿命化計画等の行政計画策定作業を行っている。

道路施設の現況調査	建設局の管理している道路や橋などの定期的調査実施とデータベース化
道路施設の劣化速度算定	点検結果などから各施設の劣化するスピードを算定
社会的便益算定	道路から受ける便益、例えばA地点からB地点に行く時間短縮の効果等を算定
施設の長寿命化工法の調査	施設の寿命を延ばす工法などの調査、分析
プロトタイプ構築	アセットマネジメントシステムの試行版構築および効果の検証
アセットマネジメントシステム本稼働	予防保全型管理につながる、投資型中長期計画の策定

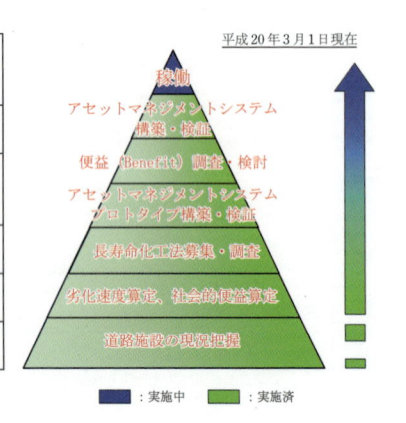

図 6-18　東京都のアセットマネジメントの導入プロセス[※12]

（b）統合データベース

統合データベースシステムは、道路アセットマネジメントシステムの基礎的な部分となる、橋梁、舗装、設備などの各種道路施設の諸元データ、点検・診断データ、資産価格データ等を一括管理するシステムである。

本システムでは、図6-19に示す画面等によって検証、補正を行っている。

1. トップ画面:システムの起動時の初期画面
2. 地図検索画面:地図から台帳検索を行う画面
3. 舗装データ画面:詳細諸元、点検結果、資産情報、補修履歴等
4. 橋梁データ画面:詳細諸元、点検結果、資産情報、補修履歴等

図 6-19 統合データベースの構成[※12]

(c) 最適化システム

最適化システムとは、道路アセットマネジメントによる予防保全型管理を実行する計画をリアルタイムで策定する基本システムである。

このシステムにより、今後30年間について、施設から生み出される社会的便益を交通需要予測を基に算出するとともに、対策工事費を考慮し、最適な対策の組み合わせの検討を行っている。

(8) アメリカの橋梁管理システム ～PONTIS～

5.6(2)(3)参照

アメリカでは、1991年にISTEA法（総合陸上交通効率化法）が制定され、各州は1995年10月までにBMSを構築することを義務付けられたが、ISTEA法が制定される前に開発され、多くの州で使用されてきた橋梁維持管理用プログラムがPONTISである。

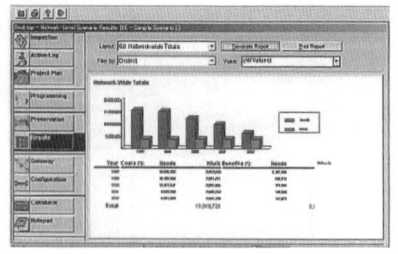

図6-20　PONTIS出力画面例[※13]

(a) システム構成

PONITSには、橋梁データベース機能、維持補修費用の算出機能、劣化予測機能、橋梁資産価値の算出機能といった機能が備わっている。

また、グラフや表を用いたレポート作成機能も備えており、道路管理者が州議会へ予算要求をする際の補助手段としても使用されている。

(b) 橋梁データベース

アメリカでは2年以内に1回、橋梁点検を行うこととなっており、点検の結果はPONTISに入力されデータベース化される。PONTISは1971年からのデータベースも引き継いでいるため、現在では35年近くのデータが蓄積されている。

データベースには諸元データのほか、損傷状況や劣化進行度合いなどのデータが入力される。損傷評価項目は1橋につき約20項目程度が記録される。

(c) 維持補修費用の算出

維持補修費は、点検によって評価された各損傷に対して、あらかじめ工学的・経済的に有利とされる工法とその標準的単価が設定されている。これらは、実際の工事実績や、現場特有の事情を考慮して、独自に数値を更新できるようになっており、システム使用の継続によって精度が向上する仕組みとなっている。

表6-5　補修工法例（鋼I桁塗装）[※14]

状態1	錆が見られず、塗装状態が健全でかつ錆部材を保護している状態	表面清掃
状態2	錆が少し見られる状態。塗装皮膜の劣化が多々見られるが、錆表面の露出までは至っていない状態	表面清掃、表面清掃+表層塗装
状態3	表面錆が形成され、塗装が何も機能していない状態。錆表面が露出しているが、断面欠損までは至っていない状態	部分ケレン+塗装
状態4	塗装が機能しなくなり、表面上に錆によるくぼみ等の断面欠損が発生しているが、重大な断面欠損は生じていない状態	部分ケレン+塗装 全面塗装塗り替え
状態5	錆により断面欠損が生じ、その断面欠損により耐荷力等の減少が心配される場合	補修工事 架替え工事

(d) 将来状態予測

わが国の将来状態予測は、経過年数と健全度の関係を数式化した劣化予測式が主に用いられるが、PONTISでは、ある部材の構造状態が現状に留まるか他の状態に遷移する確率により行う。

表6-6 遷移確率マトリクス（鋼Ⅰ桁塗装）[※13]

状態	対策	遷移確率(2年後)				
		状態1	状態2	状態3	状態4	状態5
状態1	1 Do nothing	93.81	6.19	0.00	0.00	0.00
	2 Surface clean	100.00	0.00	0.00	0.00	0.00
状態2	1 Do nothing	0.00	88.88	11.12	0.00	0.00
	2 Surface clean	1.00	99.00	0.00	0.00	0.00
	3 Surface clean & repaint	96.00	4.00	0.00	0.00	0.00
状態3	1 Do nothing	0.00	0.00	87.12	12.88	0.00
	2 Spot blast	88.00	12.00	0.00	0.00	0.00
状態4	1 Do nothing	0.00	0.00	0.00	88.88	11.12
	2 Spot blast	61.00	14.00	5.00	20.00	0.00
	3 Replace & paint system	97.00	3.00	0.00	0.00	0.00
状態5	1 Do nothing	0.00	0.00	0.00	0.00	90.55
	2 Major rehab	30.00	9.00	1.00	20.00	40.00
	3 Replace unit	100.00	0.00	0.00	0.00	0.00

表は鋼Ⅰ桁塗装の遷移確率マトリクスであるが、例えば状態2にある部材に表面清掃（Surface clean）を行う場合、2年後には99%の確率で状態2に留まる予測となる。この遷移確率は、2回以上点検結果を入力すると自動的に回帰分析を行い更新されるようになっており、点検データの充実に伴い精度が向上する。なお、初期値は、地域特性を反映させるため、各州が独自に設定することとされている。

(e) 橋梁健全度評価

PONTISでは橋梁の各部材の持つ資産価値に着目して橋梁の健全度を評価し、これを橋梁健全度指数（BHI：Bridge Health Index）としている。

橋梁全体の資産価値は、橋梁点検によって部材ごとに判定された構造状態に対して「資産価値低下率」を設定し、建設時の施工費に資産価値低下率を乗じることによって算出している。

橋梁資産価値 $= \Sigma\, a_i \times C_i$

a_i：部材iの資産価値低下率
C_i：部材iの建設時の施工費

表6-7 資産価値の計算イメージ

部材	単位	全数量	状態1 (1.00)	状態2 (0.75)	状態3 (0.50)	状態4 (0.25)	状態5 (0.00)
RC床版	m2	1,000			1,000		
鋼製桁	m	400		400			
橋台	基	2	2				
橋脚	基	3	3				
伸縮装置	m	20				20	
⋮	⋮	⋮					

部材	単位	数量	価値低下率	施工費	資産価値
RC床版	m2	1,000	0.50	$600	$300,000
鋼製桁	m	400	0.75	$3,500	$1,050,000
橋台	基	2	0.50	$7,700	$7,700
橋脚	基	3	1.00	$9,000	$27,000
伸縮装置	m	20	0.25	$556	$2,780
⋮	⋮	⋮	⋮		
				橋梁資産価値	$1,387,480

上記のように求めた現在の橋梁資産価値と、建設時の橋梁資産価値（＝橋梁工事費）との比により橋梁健全度を評価する。

わが国では、点検結果と各部材に設定した重み係数から橋梁健全度を算出する重み付き平均法が主であるのに対し、アメリカでは橋梁を「資産」としてとらえる考え方が浸透していることがうかがえる。

（9） 橋梁点検要領

4.3参照

　橋梁点検は、一定のルールの下で行わなければ、点検者によるばらつきが大きくなり、橋梁のアセットマネジメントを進めていくのに必要なデータの取得が難しくなる。この一定のルールが橋梁点検要領であり、各道路管理者は、管理すべき橋梁の状況を考慮して、独自に点検要領を取りまとめている。
　ここでは、今後、橋梁点検要領を作成する際の参考となるよう、直轄点検要領と7自治体の点検要領を比較した（参考として、橋梁基本データの収集を目的とした基礎デ要領についても、各一覧表に記載した）。

（a） 点検方法
　表6-10に点検要領一覧表を示す。自治体では、簡易な点検と詳細な点検とに区分して、限られた予算と時間の中で点検の効率化を図っていることがわかる。

（b） 損傷の種類
　表6-9に各点検要領において定義されている損傷の種類の一覧表を示す。表現の違いが若干あるものの、どの点検要領も直轄点検要領での損傷の種類を絞り込んだ形となっており、相互の点検要領には互換性があるといえる。

（c） 対策区分の判定
　表6-8に各点検要領における対策区分の判定方法一覧を示す。対策区分の判定についても、各点検要領間で互換性があるといえる。

表 6-8　対策区分の判定

	点検要領							基礎デ要領 (参考)
直轄点検要領	A県要領	B市要領	C市要領	D市要領	E市要領	F市要領	G市要領	
7段階	2段階	7段階	3段階	2段階	4段階	なし	なし	なし
-	レベル2	1次点検	簡易点検	概略点検	定期点検	定期点検	定期点検	-
A: 補修は必要ない	補修は必要ない	A': 補修は必要ない	Ⅲ: 問題ない	健全度を算出	A: 補修は必要ない			
B: 状況に応じて補修		B': 状況に応じて補修			B: 状況に応じて補修			
C: 速やかに補修等を実施		C': 速やかに補修等を実施			C: 速やかに補修等を実施			
E1: 安全性の観点から緊急対応		E': 安全性の観点から緊急対応	Ⅰ: 損傷が大きく、緊急対応が必要	緊急対応が必要	E: 安全性の観点、第三者の観点から緊急対応			
E2: その他、緊急対応								
M: 維持工事で対応		M': 維持工事で対応						
S: 詳細調査が必要	補修が必要	S': 詳細調査が必要	Ⅱ: 詳細調査が必要					

第6章 アセットマネジメントの取り組み事例

表6-9 損傷の種類一覧

要領名	点検要領								基礎デ要領(参考)
	直轄要領	A県	B市	C市	D市	E市	F市	G市	
制定年度	H16.3	H16.10	H19.10	H18.6	H17.3	H18.3	H14.3	H19.3	H19.5
点検区分	—	レベル2	1次点検	簡易定期点検	概略点検	定期点検	定期点検	定期点検	—
1.腐食	○	○	○	○	○	○	○	○	○
2.亀裂	○	○	○	○		○	○	○	○
3.ゆるみ・脱落	○		○	○		ゆるみボルトの脱落	○	○	ボルトの脱落
4.破断	○		○	○		○	○	○	
5.防食機能の劣化	○		△	○		塗装劣化	塗装劣化	塗装劣化	
6.ひび割れ	○	○	○	○	○	○	○	○	○
7.剥離・鉄筋露出	○	○	○	○		○	○	○	鉄筋露出
8.漏水・遊離石灰	○	○	○	○		○	遊離石灰	○	○
9.抜け落ち	○	○	○	○		○	○	○	○
10.コンクリート補強材の損傷	○		△						
11.床版ひび割れ	○								
12.うき	○		△						
豆板・空洞							○		
鋼板接着部の腐食					○	○			
PC定着部の異常									○
すりへり・侵食						○			
13.遊間の異常	○	○	○	○			○	伸縮装置	
14.路面の凹凸	○		○	○	○				○
15.舗装の異常	○	穴へこみ、部分補修のあと、ひび割れ	○	○	○	ポットホール	ひび割れ等	わだち等	
16.支承の機能障害	○	○	○	○	○	沓座モルタルの欠損		腐食等	○
17.その他	○		△	○			○		
段差						○			
破損						○			
取付金具の劣化						○			
18.定着部の異常	○		○	○					
19.変色・劣化	○	劣化	△	○			○	○	
20.漏水・滞水	○		△	○	○	○			
21.異常な音・振動	○	○	○	○		異常振動	○	異常振動	
22.異常なたわみ	○		○	○		○	○		
23.変形・欠損	○	変形	○	○	○	変形欠損	変形	変形	
24.土砂詰まり	○		○	○			○	排水装置	
25.沈下・移動・傾斜	○						○	変形・傾斜・沈下	下部工の変状
26.洗掘	○					○	○		

注）損傷項目は、直轄点検要領を基準として番号を付与した。
　　△は、損傷があった場合のみ損傷程度の評価を行う。
　　類似の損傷項目については損傷名称を表内に明記した。

表 6-10　点検要領

要領名	点検要領			
	橋梁定期点検要領（案）	A県点検要領	B市点検要領	C市点検要領
制定年度 発行元	H16.3、国土交通省	H16.10	H19.3	H18.6
対象橋梁	一般国道の橋梁	管理する全道路橋	管理する全道路橋	管理する全橋梁
点検区分	全箇所について近接目視（足場、点検車を使用）、必要に応じ非破壊検査	<レベル1> 損傷の有無のみを記録する点検。目視できる範囲で実施。 <レベル2> レベル1において主構造に「損傷あり」と判定された橋梁について実施する。	<1次点検> 全橋梁について、遠望目視を基本として実施 <2次点検(レベル1)> 1次点検結果により必要と判断された橋梁について、上下部工の接続部を近接目視、それ以外は遠望目視を基本として実施 <2次点検(レベル2)> 1次点検結果により必要と判断された橋梁について、全部材の近接目視（足場、点検車を使用）を基本として実施	<簡易定期点検> 陸上からの目視点検を基本として実施 <詳細定期点検> 簡易な機器による計測を含む目視点検とし、必要に応じて交通規制を行い、橋下等についても点検を実施
橋梁点検員の資格	・橋梁に関する実務経験を有する。 ・橋梁の設計、施工に関する基礎知識を有する。 ・点検に関する技術と実務経験を有する。	<レベル1> 規定なし <レベル2> 「橋梁管理者」が担当することが望ましい。	<1次点検> ・橋梁の設計、施工、補修等に関する基礎知識を有する。 ・点検に関する基礎知識を有する。 <2次点検> ・橋梁に関する実務経験を有する。 ・橋梁の設計、施工、補修等に関する基礎知識を有する。 ・点検に関する技術と実務経験を有する。	<簡易定期点検> 橋梁点検の専門家でなくても実施可能 <詳細定期点検> 橋梁の設計・施工・維持管理に関する専門知識を有する者
点検頻度	供用後2年以内に実施、その後、5年以内に1回	橋梁の重要度により1～5年の頻度でレベル1、2を実施	橋梁の重要度および1次点検結果により、1次点検、2次点検のいずれかを5～10年に1回実施	規定なし（当面は、H18までに全橋で簡易定期点検を実施し、問題のあった橋梁についてH19に詳細定期点検を実施）
損傷程度の評価	a～eの5段階評価	<レベル1> 損傷の有無のみを評価 <レベル2> 0点、10点、20点の3段階評価(点数が大きい方が損傷程度が大きい)	<1次点検><2次点検> a～eの5段階評価	Ⅰ～Ⅲの3段階評価（対策区分で評価を行う）

第6章 アセットマネジメントの取り組み事例

一覧表

点検要領				道路橋に関する基礎データ収集要領(案)(参考)
D市点検要領	E市点検要領	F市点検要領	G市点検要領	
H17.3	H18.3	H14.3	H19.3	H19.5、国土交通省
管理する全橋梁	2m以上の全橋梁およびボックスカルバート	2m以上の道路橋	2m以上の管理橋梁	一般的な構造形式の道路橋
<通常点検> 日常巡回による目視点検 <概略定期点検> 代表的な部材について地上からの遠望目視により実施 <詳細定期点検> 全ての部材について、近接目視点検により実施	<簡易点検> 主要部材を対象に、近接あるいは遠望目視により実施 <定期点検> 全部材について近接目視を基本として実施	<日常点検(通常巡回)> 全橋梁を対象として、巡回車から目視または車上感覚により実施 <日常点検(定期巡回)> 全橋梁を対象として、徒歩または必要に応じ船により、橋梁下面から目視により実施 <定期点検> 全橋梁を対象として、徒歩または梯子により可能な限り接近して実施(必要に応じ足場・船・点検車を使用)	<通常点検> 全橋梁を対象に、遠望目視により実施 <定期点検> 全橋梁を対象に、近接目視を原則として実施 <詳細点検> 通常点検・定期点検結果から、詳細な調査が必要と判断される橋梁について詳細点検・試験等を実施	・目視を基本 ・足場や橋梁点検車等は用いない。
規定なし	規定なし	<日常点検(通常巡回)> 規定なし <日常点検(定期巡回)> <定期点検> ・道路橋に関する経験と専門知識を有する。 ・「橋梁点検に関する技術の研修を受けた経験のある者」が望ましい。	<通常点検> 市職員が実施 <定期点検> ・道路橋に関する経験と専門知識を有する。 ・橋梁点検員講習修了者 <詳細点検> ・道路橋に関する経験と専門知識を有する。 ・橋梁点検員講習修了者	規定なし
・5年に1度実施 ・点検レベルは、橋の重要度および健全度(通常点検でわかる範囲で判断)の高低により決定	橋梁の重要度・規模により、簡易点検または定期点検を5〜15年に1度実施する。	<日常点検(通常巡回)> 日常的に随時実施 <日常点検(定期巡回)> 1年に1度実施 <定期点検> 5年に1度実施	<通常点検> 2年に1回 <定期点検> 5年に1回 <詳細点検> 必要に応じ随時	規定なし
<概略定期点検> A、C、Eの3段階評価 <詳細定期点検> A〜Eの5段階評価	<簡易点検> <定期点検> a〜cの3段階評価	<日常点検(通常、定期)> A〜Cの3段階評価 <定期点検> a〜eの5段階評価	<定期点検> a〜eの5段階評価	a〜eの5段階評価または損傷の有無により評価

6.2 アセットマネジメントを支援する仕組み

1.2(2)(c)参照

(1) NPO法人　橋梁メンテナンス技術研究所　～民間団体による支援活動～

　NPO法人橋梁メンテナンス研究所は、橋梁の維持管理と長寿命化の技術研究と社会への普及を目的に、阪神・淡路大震災後の1995年5月、信州大学工学部と民間企業の橋梁の専門家によって発足した団体である。

　研究所では、橋梁は地域によって個性があるため、橋梁の維持管理において「点検を継続しデータを蓄積することが最も重要であり、蓄積されたデータに基づいて適切な補修工法を選択、実施していくことが可能となる」との理念に基づき、橋梁点検の担い手を専門家だけでなく一般の自治体職員にも広げていくことを目標に自治体を支援する活動を行っている。

　ここでは、橋梁点検の支援と橋梁の長寿命化修繕計画策定の支援の活動を紹介する。

(a) 橋梁点検の支援

　橋梁点検では、橋の点検マニュアルの出版と点検講習会の開催等の支援を行っている。

① 橋の簡易点検マニュアル「信州発　あなたにもできる橋の点検」

　平成16年に、長野県とともに橋梁点検マニュアル「信州発　あなたにもできる橋の点検」を出版、現在、長野県および長野県内の市町村で実際にこの点検マニュアルに基づく点検が行われている。

　点検マニュアルは、目視調査により橋梁の損傷程度をランク付けし、損傷の度合いにより橋梁を大きく3グループに分類、最も危険なグループの橋梁については専門家の判断を仰ぐことになるが、通常は橋梁の専門家ではなくても容易に点検を行うことができるようになっている。

　この点検マニュアルは、国土交通省の「基礎データ収集要領（案）」の点検項目にも対応し、地域性を反映させれば全国どこでも利用できる点検マニュアルとなってい

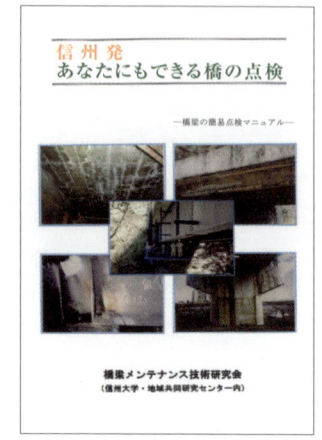

図6-21　橋梁点検マニュアル[※15]

第6章 アセットマネジメントの取り組み事例　　*161*

る。また、研究所では地域の特殊性を反映させた点検マニュアルづくりの支援も行っている。

② **普及のための講習会**

点検マニュアルを採用し、点検を実施している長野県および県内市町村の職員を対象に、橋梁点検の講習会を開催している。講習会では、点検マニュアルをテキストとし、点検方法や損傷度の評価方法、データ管理等の講義、実際の橋梁を使った点検実習を開催している。

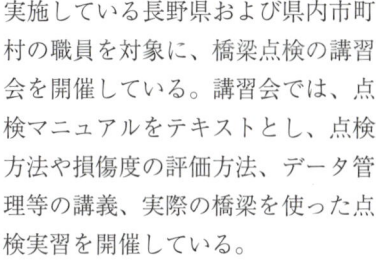

図6-22　講義の様子[※15]

図6-23　実際の橋梁を使った点検実習の様子[※15]

点検講習会は、自治体の要望に応じて開催しており、講習会後の質問や相談にも応じている。

(b) **橋梁の長寿命化修繕計画策定の支援**

研究所では、自治体の長寿命化修繕計画の策定に必要な、橋梁調査、優先順位の決定と計画作成、工法選定と概算費用の算出までを一括して支援している。

また、長寿命化計画策定を支援するデータベース「橋梁保全システム」の構築も行っている。データベースは複数年のリース契約で提供し、導入後のデータ修正やプログラムの改良等にも対応している。さらに、緊急事案が発生した場合には、写真等のデータを基に研究所メンバーが即座にアドバイスするサービスも行っている。

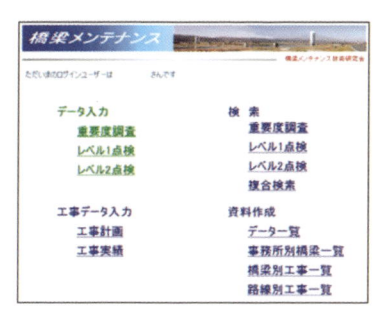

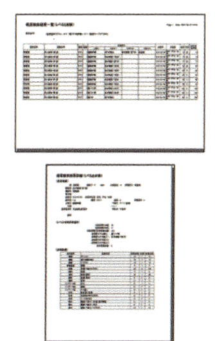

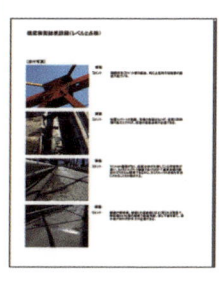

図6-24　橋梁保全システム[※16]

橋梁メンテナンス技術研究所ホームページ　http://pcdell2.crc.shinshu-u.ac.jp/bures/

(2) 民間企業とのスポンサー契約による維持管理費の確保

1.1(4)参照

　道路維持管理の財源を確保するための手法の1つとして、特定の民間企業に維持管理費や更新費を支援してもらう代わりに、道路空間における広告の許可等の何らかのメリットを提供する、民間企業とのスポンサー契約がある。

(a) 新潟県の道路のネーミングライツ導入

　ネーミングライツ（命名権）とは、施設等の名称に企業名などを冠する権利をスポンサーに与えることで協賛金（契約料）を得る仕組みで、スポンサーには知名度やイメージの向上等のメリットがあり、施設所有者には施設管理の負担軽減を図ることができるメリットがある。

　新潟県は、平成19年12月にわが国初の公道へのネーミングライツの導入を決定した。この制度では、スポンサーは道路の通称を命名することができ、道路照明灯等の施設へ企業名入りのロゴの貼り付け、道路敷を使用したイベントの許可と占用料減免等の特典を得られる。

　平成20年4月1日には、観光道路である「奥只見シルバーライン」と「魚沼スカイライン」を対象として募集を開始した。募集の概要は右のとおりである。

ネーミングライツ募集概要[17]

募集対象路線	：奥只見シルバーライン総延長 22.6km 　魚沼スカイライン総延長 18.8km
契約料	：奥只見シルバーライン年額1,000万円以上を希望 　魚沼スカイライン年額800万円以上を希望
契約期間	：10年以上を希望

(b) 大阪府の歩道橋リフレッシュ事業

　大阪府では、PPP事業（Public Private Partnership）の一環として、企業等が歩道橋の塗り替えを行う代わりに、その企業等の道先案内を歩道橋に表示する「歩道橋リフレッシュ事業」を全国初の試みとして平成17年度より進めている。平成19年度現在、3カ所の歩道橋で実施されている。

図6-25　門真北歩道橋（大阪中央環状線）[18]

(c) 埼玉県のスポンサー付き道路照明灯事業

平成19年4月、埼玉県は、企業等と協働して道路照明灯の設置・更新を行う「スポンサー付き道路照明灯事業」を創設し募集を開始した。

対象は、老朽化した道路照明灯の更新や今後交通安全上設置が必要な箇所における道路照明灯の新設で、企業等が道路照明灯の整備費を負担し、県は維持管理と企業名等が入った「アダプトサイン」を照明灯に設置する。

道路照明灯の設置を希望する企業は、希望する路線と設置箇所を申し込み、県の審査を通過した協働事業者は、県と協定を締結する。

企業には、知名度やイメージ向上のメリットがあるほか、事業所等が隣接する道路に設置すれば事業環境の向上を図ることができる。

平成19年度には、7社のスポンサー企業と10基の道路照明灯について協定を締結し、順次設置している。

図6-26　スポンサー付き道路照明灯の設置イメージ[※19]

図6-27　アダプトサイン[※19]

(d) アメリカのスポンサー・ア・ハイウェイ・プログラム

スポンサー・ア・ハイウェイ・プログラムは、アメリカで実施されている道路のスポンサー制度で、企業が道路のスポンサーとなり清掃等の管理をメンテナンス業者に委託、道路管理者はサインボードにその区間のスポンサーとなっている企業名を掲示するものである。

スポンサー・ア・ハイウェイ・プログラムと似た制度として、わが国でも導入されているアダプト・プログラム（里親制度）があるが、アダプト・プログラムでは、ボランティア団体等が養子縁組した区間の清掃等の活動を自ら行うため、作業の危険性の低い路線での活動に限られるのに対し、スポンサー・ア・ハイウェイ・プログラムは、中央分離帯や急勾配の法面等危険な箇所も支援の対象とすることができる。また、交通量の多い道路ほど企業にとっても広告の効果が大きくなるメリットがある。

図6-28　スポンサー・ア・ハイウェイ・プログラムのサインボード（ニュージャージー州）

(3) 維持管理業務の民間委託

1.1(4)参照

わが国では、指定管理者制度の創設により公共施設の管理を複数年にわたり一括して民間委託できるようになったが、道路施設については安全確保が重要である性質から民間委託は進んでいない。

一方、海外では性能規定型維持管理契約と呼ばれる契約方式により、道路管理の民間委託が実施されている。

以下では、海外の性能規定型維持管理契約を紹介するとともに、わが国の道路管理における指定管理者制度の状況について紹介する。

(a) 性能規定型維持管理契約

わが国の道路の維持管理契約は、年度ごとに工種ごとの数量と単価に基づいて行われている。これに対し、性能規定型維持管理契約では、道路が発揮すべき条件を満たすことを契約条件とし、維持管理作業の実施時期、設計、技術や材料の採用、施工、管理等に関する事項は、全て受注者の責任で決定する契約方式である。

アメリカ、イギリス、オーストラリアなどの国々では、性能規定型維持管理契約により、複数年にわたって道路の維持管理業務を民間委託し、道路管理者の負担を軽減するとともにコスト縮減を実現している。

ここでは、アメリカのバージニア州の事例を紹介する。

[バージニア州における道路管理業務の民間委託]

バージニア州道路局（Virginia Department of Transportation：VDOT）では、州間高速道路において道路管理業務を一括して民間委託する「包括請負による資産保全サービス」（Turnkey Asset Maintenance service：TAMS）の導入の取り組みを行っている。VDOTは、10年間の試行期間を経て、2008年7月から全ての州間高速道路において TAMS 契約による民間委託を実施する予定である。

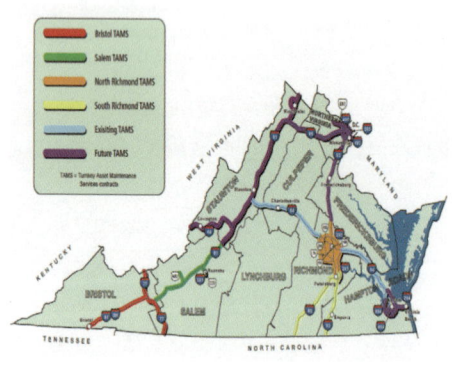

図6-29　ＴＡＭＳの導入路線位置図[20]

・対象業務

TAMS の対象業務は、雪氷除去、事故処理、除草、剪定、ガードレール補修、標識清掃、ポットホール補修等であり、一般的な維持管理業務全般が対象となっているが、大規模な補修工事は対象外である。

・契約

初期契約期間は 3 年とし、受注者は 3 年契約を 2 回更新できる。場合によっては、初期期間を 5 年とし、2 年契約を 2 回更新する場合もある。

契約履行保証は、年間請負金額の約 50％の金額とし、毎年更新される。

・事業者の選定

事業者は、はじめに技術提案書を提出し資格審査が行われる。資格審査を通過した事業者は入札を行い、最低価格を提示した業者が選定される。

・性能規定

契約は、性能規定に基づき、管理する施設ごとに維持すべき施設の状態（舗装のわだち掘れがない、ガードレールの錆がない等）と業務の履行期限（損傷を発見したら 2 日以内に処置等）が規定される。

VDOT は、毎年 1 回、契約要件が満たされているかモニタリングを行い、契約要件が満たされない状態が続く場合は契約不履行を宣告されることもある。

(b) 指定管理者制度と道路維持管理

平成 15 年の地方自治法の一部改正により指定管理者制度が創設され、公共施設の管理委託が、民間法人や民間団体にも認められるようになった。

この公共施設には道路も含まれるが、道路法において道路の管理は地方自治体が行うと定められていること、また、国土交通省道路局の都道府県および指定都市への通知（「指定管理者制度による道路の管理について」平成 16 年 3 月 31 日　国道政第 92 号、国道国防第 433 号、国道地調第 9 号）において、指定管理者が行うことができる道路の管理の範囲を、行政判断や行政権の行使を伴わない「清掃、除草、単なる料金の徴収業務で定型的な行為に該当するもの等」としていることから、道路の維持管理を包括的に民間委託することが難しい状況である。

今後、道路の維持管理の包括的な民間委託を実施するためには、民間委託による適正な管理水準の担保、行政と民間事業者の役割分担のあり方、わが国の道路行政に適した契約方法等、新たな道路維持管理の仕組みづくりが必要である。

(4) 道路の維持管理における管理瑕疵責任と道路賠償責任保険

1.5(4)参照

　道路管理者は、道路利用者が事故等により損害を受け、その原因が道路維持管理の瑕疵による場合、管理瑕疵責任を問われる。このようなリスクを回避するためほとんどの自治体が道路賠償責任保険に加入している。

　ここでは、道路維持管理における管理瑕疵責任について解説するとともに、道路賠償責任保険について紹介する。

(a) 道路管理者の責任と管理水準

　道路法第29条において、道路が満たすべき構造が次のように規定されている。

> 道路法第29条　道路の構造は、当該道路の存する地域の地形、地質、気象その他の状況及び当該道路の交通状況を考慮し、通常の衝撃に対して安全なものであるとともに、安全かつ円滑な交通を確保することができるものでなければならない。

　また、道路管理者の責務は同法第42条に次のように定められている。

> 道路法第42条　道路管理者は、道路を常時良好な状態に保つように維持し、修繕し、もつて一般交通に支障を及ぼさないように努めなければならない。

　このような道路の設置または管理に瑕疵があり利用者に損害が生じたときは、国家賠償法第2条の規定により、道路管理者が賠償責任を負うこととなる。

> 国家賠償法第2条　道路、河川その他の公の営造物の設置又は管理に瑕疵があつたために他人に損害を生じたときは、国又は公共団体は、これを賠償する責に任ずる。
> 2　前項の場合において、他に損害の原因について責に任ずべき者があるときは、国又は公共団体は、これに対して求償権を有する。

　判例によると、道路管理は管理者の主観的な判断によらず、道路の構造や使用状況、周辺環境、その時点の技術水準等、客観的に見て最善の策が尽くされていなければならないとされている。また、予算不足によって十分な管理が行われず、損害が生じた場合でも責任を逃れることはできないとされている（最判昭和53年7月4日、最判昭和45年8月20日ほか）。

　このため、道路管理者は、道路をめぐる諸状況を勘案し適切な管理水準を設定する必要がある。

（b）道路賠償責任保険

道路設置または管理の瑕疵による損害賠償のリスクを回避するため、ほとんどの自治体が道路賠償責任保険に加入している。この保険は、道路の設置や管理の瑕疵によって生じた事故に起因して道路利用者に損害が生じ、道路管理者が損害賠償責任を負い、賠償金を支払わなければならない場合に、道路管理者に保険金を支払うものである。

① 保険金支払いまでの流れ

事故等の被害者が自治体に対して賠償請求を行うと、被保険者である自治体は保険会社に報告し保険会社と相談しながら被害者と示談交渉を行い、示談の成立を受けて賠償を行う。自治体は保険会社に保険請求し、保険会社から保険金の支払いを受ける。

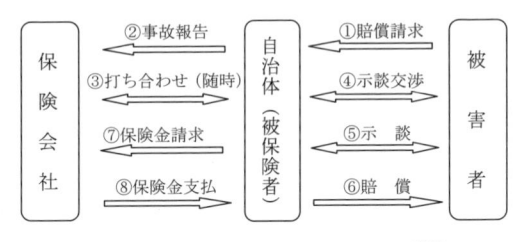

図6-30 保険金支払までの流れの例[21]

② 支払われる保険金の内容

保険会社から支払われる保険金としては以下のものがある。

表6-11 支払われる保険金の内容

保険金	内容
損害賠償金	被害者に支払うべき損害賠償金（身体賠償、財物賠償）
求償権保全費用	被保険者が責任の全部または一部を第三者に求償し得る場合に、当該求償権を保全するために支出した費用
損害防止費用	損害を防止軽減するための費用
争訴費用	訴訟費用、弁護士報酬、仲裁・和解・調停のための費用
協力費用	保険会社が必要に応じ事故解決に当たる場合に、保険会社に協力するために要した費用
緊急措置費用	被害者への緊急やむを得ざる処置に要した費用

③ 加入方法

都道府県や政令指定都市の場合は、直接保険会社と契約している場合が多い。

一方、規模の小さな市町村自治体の場合、地方自治法第263条の2の規定に基づき自治体が被った被害を相互に救済することを目的とする全国的な公益法人が保険契約者となって損害保険会社各社と契約を結び、各自治体を被保険者（補償の対象者）とする保険に加入することができる。

【参考文献】
- ※1 青森県HP
- ※2 青森県HPをもとに作成
- ※3 土木施設長寿命化計画橋梁ガイドライン、平成18年3月、静岡県土木部道路総室道路保全室 を基に作成
- ※4 土木施設長寿命化計画橋梁ガイドライン、平成18年3月、静岡県土木部道路総室道路保全室
- ※5 横浜市橋梁長期保全更新計画検討報告書を基に作成
- ※6 横浜市橋梁長期保全更新計画検討報告書
- ※7 静岡県資料
- ※8 静岡県資料を基に作成
- ※9 町田市資料
- ※10 町田市資料を基に作成
- ※11 道路保全における新たなマネジメント手法の導入について、日本道路公団管理事業統括部保全グループ鎌田文幸、平成17年度国土交通省国土技術研究会
- ※12 東京都HP
- ※13 PONTIS USER MANUAL
- ※14 米国における橋梁の維持管理システム、藤井学・前川義雄、橋梁と基礎（95.6）を基に作成
- ※15 NPO法人橋梁メンテナンス研究所HP
- ※16 矢木コーポレーション株式会社HP
- ※17 新潟県HP
- ※18 大阪府提供
- ※19 埼玉県HP
- ※20 バージニア州道路局（Virginia Department of Transportation）HP
- ※21 道路賠償責任保険の手引き、平成19年2月、社団法人全国市有物件災害共済会・株式会社損害保険ジャパン

第7章　付録

7.1　道路橋の中長期保全計画支援シミュレータ

（1）　開発の背景

　地方自治体が管理する今後老朽化する橋梁の増大に対応するため、平成19年度より、橋梁の長寿命化修繕計画を策定する地方自治体に対して、国が財政的支援を行う国庫補助制度「長寿命化修繕計画策定事業費補助制度」が創設された。

　また、技術面の支援として、地方自治体向けの橋梁の調査手法の策定や橋梁技術講習会が実施されている。

　一方、多くの自治体では、技術者の不足に加えて、橋梁に関する基礎的な知識も不足しているのと同時に、橋梁点検を外部委託するための予算確保も難しく、維持管理計画の策定まで進めないのが実情である。

　このような状況において、以下の観点から、道路橋の中長期保全計画支援シミュレータ（以下、中長期シミュレータ）を開発した。

・既存の基本データのみで将来の維持管理に係る必要費用が試算できないか
・予防保全的な管理を実施した場合の効果はどのくらいか
・予算が足りず、対策が実施できなければ橋梁の状態がどうなるか

（2）　計算機能

　中長期シミュレータは、あらかじめ設定した複数の管理パターンに対する中長期の橋梁の補修・架替え費用を推計するとともに、予算制約を考慮した場合に通行止めが必要となるような要注意橋梁が、「いつ頃」「どのくらい」「どのあたりに」発生するかを試算するものである。

　中長期シミュレータの主な計算機能（アウトプット）は、以下のとおり。

・予防保全型、対症療法型、巡回監視型の3つの管理パターンに対する中長期の補修、架替え費用を地域単位で計算
・予防保全型管理による投資効果（コスト縮減額）を地域単位で計算

・予算制約下で発生する将来の要注意橋梁をリストアップ

これらの計算のために、インプットとして以下のデータが必要となる。
・橋梁諸元：橋種、架設年、上部工形式、床版材料、橋長、径間数、幅員
・環境条件：大型車交通量、海岸からの距離、架橋条件、対策の優先順位など
・計算条件：計算開始年、計算期間、予算制約額

（3）　使用データ

　橋梁の諸元データは、既存のデータ（道路施設現況基本台帳）を使用する。環境条件データについては、塩害地域区分（H14道路橋示方書・同解説Ⅲコンクリート橋編、表-5.2.2 塩害の影響地域）、海岸からの距離、24時間交通量、大型車混入率、架橋条件、対策の優先順位などのデータを別途入力する必要がある。ただし、これらのデータが不明な場合もデフォルト値を利用し試算は可能である。

（4）　全体フロー

　中長期シミュレータの計算の流れを図7-1に示す。図中網かけした部分は、橋梁ごとのライフサイクルコスト（LCC）を計算する流れを示すが、計算は、1橋

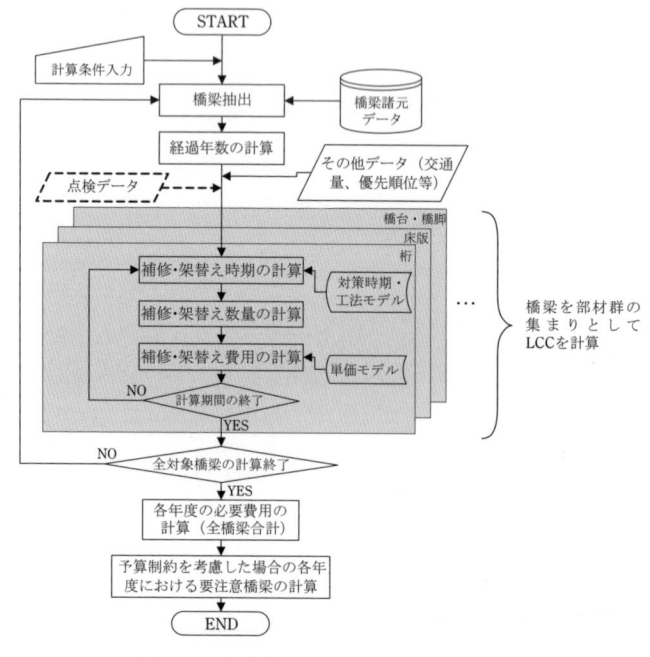

図7-1　中長期シミュレータの計算の流れ

ごとに、図7-2に示す6つの部材群の単位（桁、床版、橋台・橋脚、支承、伸縮装置、高欄・その他部材）で行う。また、表7-1に示すように、これら部材群に対して、塗装劣化・腐食、鋼材疲労、床版疲労、塩害、中性化、経年劣化の6つの劣化要因を考え、それぞれ対策の時期（修繕・架替え時期）と対策工法を設定する。

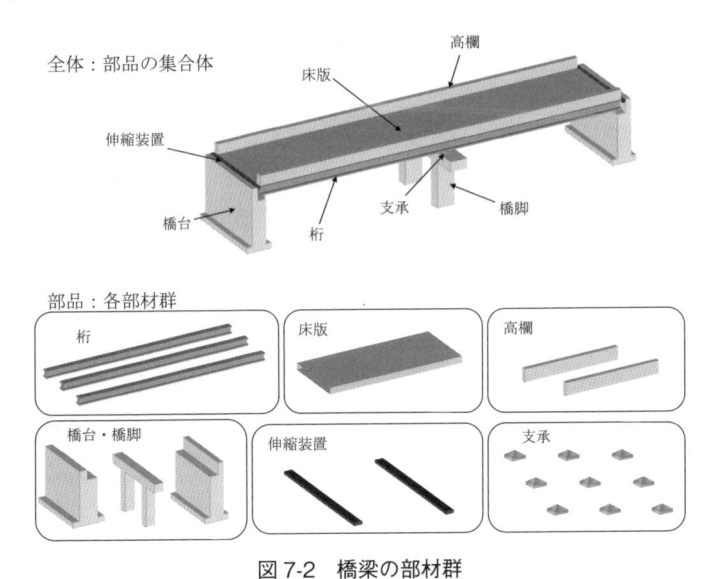

図 7-2　橋梁の部材群

表 7-1　計算上考慮する部材と劣化要因の関係

計算単位	区分		塗装劣化・腐食	鋼材疲労	床版疲労	塩害	中性化	経年劣化
桁	鋼橋		○	○				○
	コンクリート橋	塩害地域				○		○
		塩害地域以外					○	○
床版	鋼床版		○	○				○
	コンクリート床版				○			○
橋台・橋脚	塩害地域					○		○
	塩害地域以外						○	○
支承	鋼製支承のみ対象							○
伸縮装置								○
高欄、その他								○

(5) 対策時期の設定

ライフサイクルコストを計算するためには、**表7-1**に示す部材群ごと、劣化要因ごとに、管理パターンに応じて「いつ(対策時期)、どのような対策(対策工法=対策単価)をどの程度(対策数量)実施するか」を決定する必要がある。

ここでは、まず中長期シミュレータにおける対策時期と対策工法の設定の考え方について説明する。

(a) 対策時期の設定方法

ライフサイクルコストの計算において、対策時期は、部材ごと、劣化要因ごとに劣化予測に基づき設定することが多い。劣化予測手法は、コンクリートの塩害や鋼部材の疲労亀裂など、劣化要因によっては工学的に研究されており、劣化程度を定量的に評価する指標(塩害における塩化物イオン量など)による工学的根拠に基づく劣化予測が可能である。

一方、定期的に補修・交換が必要な部材については、過去の実績から対策時期を設定することができる。

(b) 劣化予測の限界

劣化予測は、予測時点において得られる最大限の情報と工学的知見を用いて実施されるが、品質のばらつき、非定常な使用、環境条件等により、将来の傾向を把握することはできるものの、将来の状況を正確に予測することには限界がある。また、わずかな材質の差や環境条件の相違が、損傷の発生や進行程度を大きく左右し、その劣化がある段階から急速に進行する劣化要因もあり、全ての劣化要因で劣化予測が可能であるわけではない。

(c) 劣化予測を用いた対策時期の設定方法

劣化曲線は、曲線自体(図7-3の破線)を描くことに意味があるのではなく、縦軸:健全度、横軸:時間のどの点(図7-3の黒丸印)で対策を講じるのかを決めるために用いられるものと考える。

中長期シミュレータでは、図7-3に示すように、劣化曲線が健全度をまたぐ点における対策工法と対策時期をテーブル化することにより、計算過程を簡素化し、計算手法をわかりやすく説明できるようにしている。

この手法は、予防保全型、対症療法型などの複数の管理パターンに必要な対策の規模を比較し、維持管理の戦略を考える上では、十分有効なものと考える。

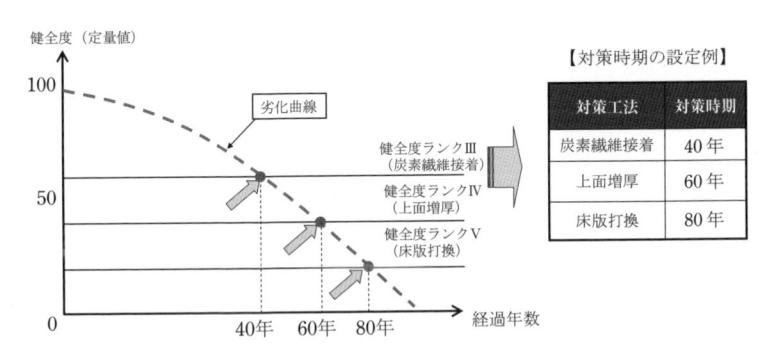

図 7-3 対策時期を求めるための劣化曲線（例：コンクリート床版）

(d) 適切な単位によるグループ化

　中長期的な橋梁部材の劣化状況をマクロ的に把握する場合は、適切な単位でグループ化し、グループごとに将来の対策時期を劣化予測に関する知見を活用してテーブル化して決定する方法も有効であると考えられる。中長期シミュレータでは、1橋ごとのミクロの値を求めるものではなく、中長期的な将来にかかる費用の傾向をマクロ的に把握することが目的であるため、1橋ごとに異なる対策時期を、図 7-4 のようにグループ化して平均的な代表値を用いた対策時期に置き換えて、費用計算している。

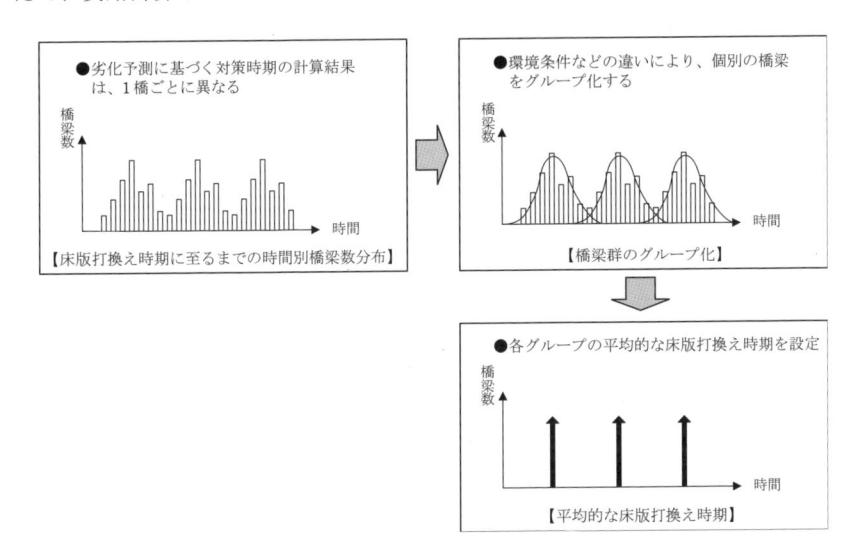

図 7-4　グループ化による対策時期の設定イメージ（例：コンクリート床版）

例えば RC 床版疲労では、対策時期を設計基準の新旧と大型車交通量により 5 つにグループ化している。表 7-2 に中長期シミュレータで設定している橋梁のグループと対策時期を示す。

表 7-2 RC 床版のグループ化と対策時期

グループ	適用示方書	大型車交通量 （台/日）	RC 床版の対策時期		
			炭素繊維接着	上面増厚	床版打換え
1	S47 道示 適用以前	5,000 未満	40 年	50 年	80 年
2		5,000 以上 7,000 未満	— 注)	40 年	50 年
3		7,000 以上	— 注)	— 注)	40 年
4	S47 道示 適用以降	5,000 未満	60 年	70 年	90 年
5		5,000 以上	40 年	50 年	70 年

注）建設後 35 年以上経過しているため、すでに対策時期を過ぎたと考える。

(e) 中長期シミュレータにおける対策時期の設定

中長期シミュレータでは、「劣化予測すること」を結果的には「対策時期を決めてサイクルを設定すること」としてとらえており、劣化予測の工学的知見が活用できるものはその成果を基に、それ以外のものは過去の対策実績の統計的分析により LCC 計算を行っている。表 7-3 に LCC 計算方法としての対策時期の設定方法を部材ごと、劣化要因ごとに整理する。

表7-3 対策時期の設定方法

劣化要因		補修・架替え時期の計算方法
劣化予測に基づくもの	①鋼桁の塗装劣化・腐食	塗装の適切な塗替え間隔は、塗膜の推定耐久年数を参考に設定
	②鋼桁の疲労亀裂	疲労亀裂の発生年数は、疲労設計曲線を基に、応力範囲と破断に至るまでの繰返し回数の関係に基づいた試算結果を参考に設定
	③コンクリート床版の疲労	RC床版の対策時期は、RC床版の押抜きせん断疲労に関する $S-N$ 曲線を用いた疲労損傷度 (D) の予測曲線を参考に設定
	④コンクリート桁、橋台・橋脚の塩害	塩害の対策時期は、拡散方程式による鉄筋位置での塩化物イオン量 (C) の予測式と鋼材の体積減少率 (V) の予測式を組み合わせた予測曲線を参考に設定
	⑤コンクリート桁、橋台・橋脚の中性化	中性化の対策時期は、土木学会提案の中性化速度式を参考に設定
過去の実績に基づくもの	⑥支承・伸縮装置の経年劣化	支承・伸縮装置の交換時期は、交換実績データの統計的分析を参考に設定
	⑦その他部材（高欄・地覆等）の経年劣化	その他部材の対策時期は、高欄の補修実績データの統計的分析を参考に設定
	⑧桁・床版・橋台・橋脚の経年劣化	主構造の軽微な損傷に対する部分的な補修の対策時期は、補修実績データの統計的分析を参考に設定
	⑨橋梁の架替え	過去の架替え実績等を参考に、橋種ごと、環境条件ごと、管理パターンごとに橋梁の架替え時期を設定

（6） 対策費用の計算

　対策費用は、各対策の単価×対策数量で計算できる。中長期シミュレータでは、過去の実績等から各対策工法の単価を設定し、対策の数量については、図7-5 に示すように地方自治体においても橋梁台帳等の基本的なデータを用いて計算できるようにしている。

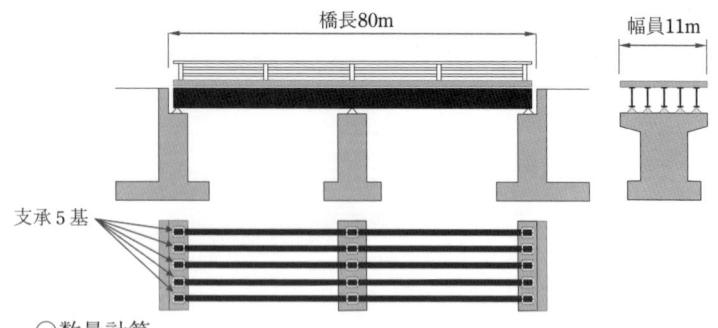

○数量計算

床版の補修数量（単位：m²）：橋長×幅員 = 80m × 11m = 880m²
支承の交換数量（単位：基）：平均主桁本数×（径間数 + 1）
　　　　　　　　　　　　　　= 5本×（2径間 + 1）= 15基

図 7-5　対策数量の計算（2径間連続鋼鈑桁橋の例）

（7）維持管理費の将来推計計算

図 7-6 に中長期シミュレータを用いた鋼橋の 1 橋当りの LCC の計算例を示す。架替えまでの 1 年当りで LCC を比較すると、予防保全型が 900 万円／年、対症療法型が 1,100 万円／年となり予防保全型が対症療法型の約 8 割となることがわかる。

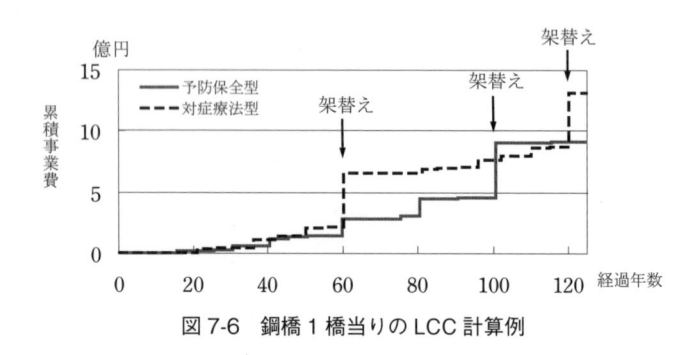

図 7-6　鋼橋 1 橋当りの LCC 計算例

さらに、政策レベルの判断が必要となる一定規模の橋梁群を対象に将来の維持管理費を試算した結果を図 7-7 に示す。計算対象は、橋長 15m 以上の約 800 橋である。中長期シミュレータでは、横軸に経過年数、縦軸に年度ごとの必要費用をグラフ表示する機能がある。試算結果より、当初 10 年間は予防的修繕が必要なため、対症療法型よりも修繕費が必要となるが、20 年後以降は対症療法型の

架替え費の増大を抑えることができ、「先送りは高くつく」ことを説明することができる。

【予防保全型】

【対症療法型】

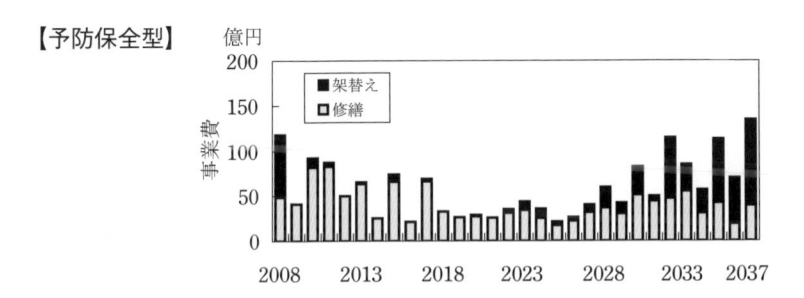

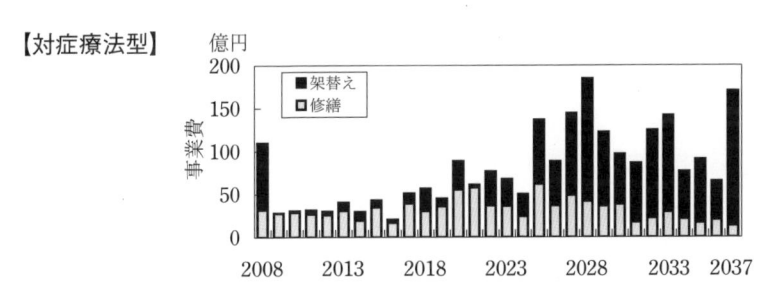

図 7-7　中長期シミュレータによる維持管理費の将来推計計算結果例

(8) 予算制約を考慮した計算
(a) 予算制約の考え方
　中長期シミュレータでは、各年度の投資予算に応じた予算制約下での補修・架替えの先送り計算を実施し、その結果、各年度に発生する要注意橋梁をシミュレーションできる。予算制約を考慮した計算の考え方は、以下のとおり（図 7-8 参照）。
　① 予算が不足し対策ができなかった部材は、対策を次年度以降に先送り
　② 次年度以降に先送りする部材は、対策の優先順位の低い順に選定
　③ 先送り後の対策時期は、対策工法の規模が次段階に移行する直前に設定

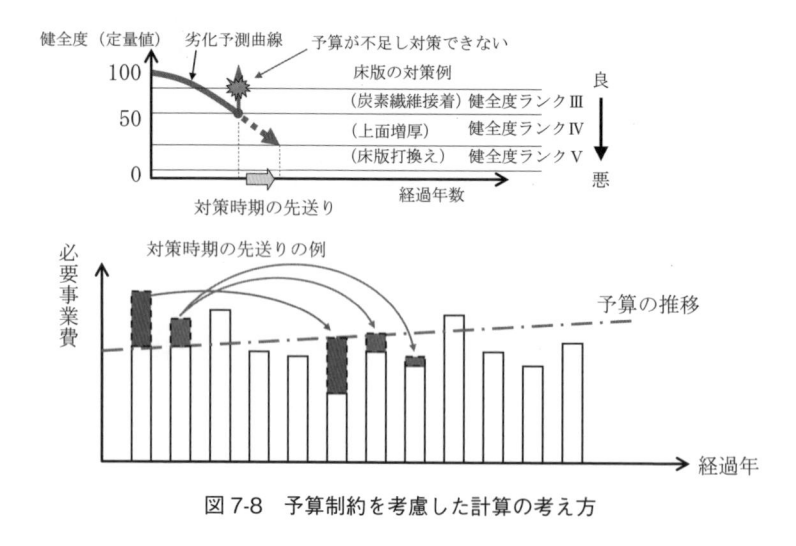

図 7-8　予算制約を考慮した計算の考え方

(b) 要注意橋梁の抽出

　中長期シミュレータでは、予算制約による要注意橋梁の発生予測結果を年度ごとの要注意橋梁数としてグラフ化することができる。図 7-9 は、予防保全型の必要事業費に対して年間予算額 10 億円一定の条件で計算した結果を示す。図 7-9 より、20 年後以降、通行止めが必要な橋梁の急増が予想されることが説明できる。

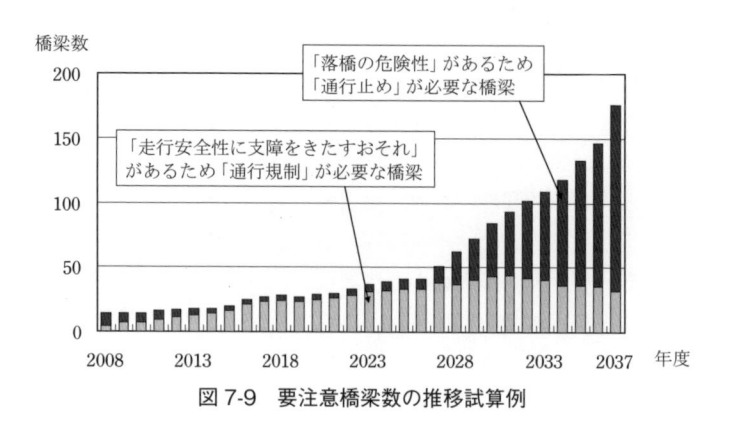

図 7-9　要注意橋梁数の推移試算例

7.2 損傷記録方法の提案

(1) 目的
　地方自治体が管理する橋梁の損傷状況の把握と専門技術者への確実な情報伝達を目的とし、損傷写真の撮影方法と記録方法について示す。

(a) 点検作業の分類
　直轄点検要領では、点検を行い評価する技術者を橋梁点検員、評価結果等を基に対策区分の判定を行う技術者を橋梁検査員とし、それぞれが要求する技術レベルを示している。

① **橋梁点検員：損傷状況の把握を行う人**
 ・橋梁に関する実務経験を有すること
 ・橋梁の設計、施工に関する基礎知識を有すること
 ・点検に関する技術と実務経験を有すること
② **橋梁検査員：対策区分の判定を行う人**
 ・橋梁に関する相応の資格または相当の実務経験を有すること
 ・橋梁の設計、施工に関する相当の知識を有すること
 ・点検に関する相当の技術と実務経験を有すること
 ・点検結果を照査できる技術と実務経験を有すること

　このように、橋梁の点検は行う行為によって、高い専門技術を求められているものの、点検手順を分類すると、損傷の評価並びに対策区分の判定の段階で、専門技術が必要とされており、そのための専門技術者が少ないことが橋梁点検を行う際の課題として挙げられる。
　そのため、提案する損傷記録方法（以下、本手法）では、高い専門技術がなくても行える写真撮影に着目し、専門技術者への確実な情報伝達が行えるためのルールを示すことで、数多くの橋梁の損傷状況を収集できる方法を提案した。

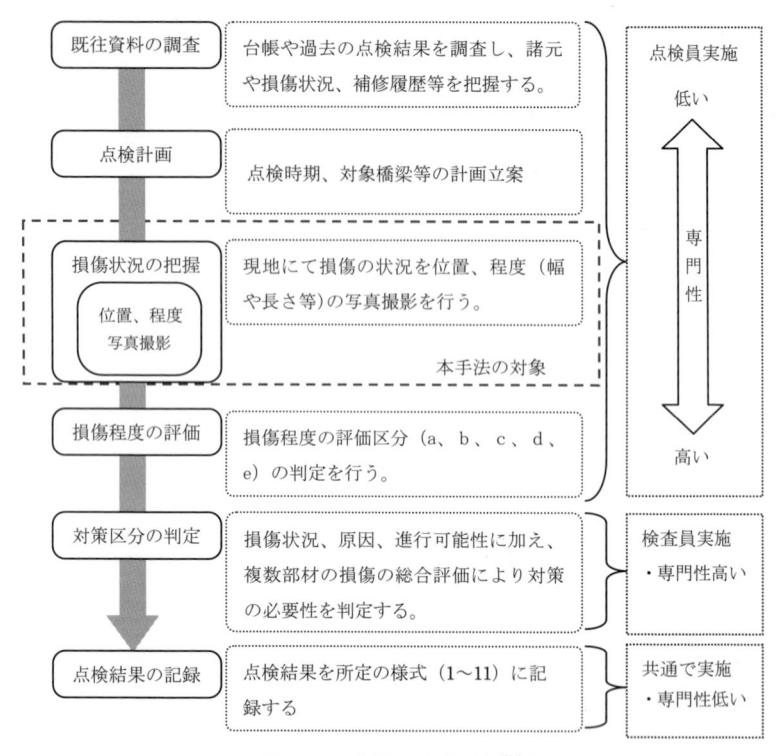

```
┌─────────────┐   ┌──────────────────────────┐        点検員実施
│ 既往資料の調査 │──▶│ 台帳や過去の点検結果を調査し、諸元  │  ┐
└─────────────┘   │ や損傷状況、補修履歴等を把握する。  │  │   低い
                  └──────────────────────────┘  │    ▲
┌─────────────┐   ┌──────────────────────────┐  │    │
│  点検計画   │──▶│ 点検時期、対象橋梁等の計画立案    │  │   専
└─────────────┘   └──────────────────────────┘  │   門
- - - - - - - - - - - - - - - - - - - - - - - - - - -│   性
┌─────────────┐   ┌──────────────────────────┐  ├
│ 損傷状況の把握 │──▶│ 現地にて損傷の状況を位置、程度（幅 │  │
│  位置、程度  │   │ や長さ等）の写真撮影を行う。     │  │    ▼
│  写真撮影   │   │                本手法の対象    │  │   高い
└─────────────┘   └──────────────────────────┘  ┘
- - - - - - - - - - - - - - - - - - - - - - - - - - -
┌─────────────┐   ┌──────────────────────────┐
│ 損傷程度の評価 │──▶│ 損傷程度の評価区分（a、b、c、d、 │
└─────────────┘   │ e）の判定を行う。           │
                  └──────────────────────────┘
┌─────────────┐   ┌──────────────────────────┐  検査員実施
│ 対策区分の判定 │──▶│ 損傷状況、原因、進行可能性に加え、  │ ・専門性高い
└─────────────┘   │ 複数部材の損傷の総合評価により対策  │
                  │ の必要性を判定する。          │
                  └──────────────────────────┘
┌─────────────┐   ┌──────────────────────────┐  共通で実施
│ 点検結果の記録 │──▶│ 点検結果を所定の様式（1～11）に記  │ ・専門性低い
└─────────────┘   │ 録する                  │
                  └──────────────────────────┘
```

図 7-10　橋梁の点検手順[※1]

(b) 提案する損傷記録方法による橋梁点検の流れ

　提案する損傷記録方法では、損傷の評価と対策区分の判定といった専門性の高い行為を行わないため、従来の橋梁点検を完了するためには、専門技術者への情報伝達の方法も含めた検討を行い、運用していくことが必要である。

　下図に、本手法における橋梁点検の運用方法（案）を示す。

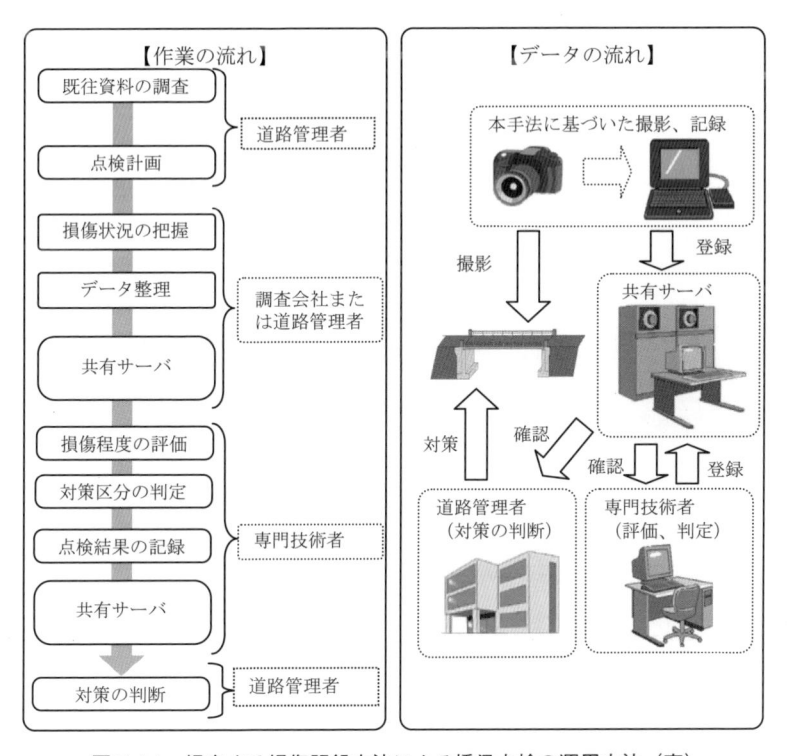

図7-11　提案する損傷記録方法による橋梁点検の運用方法（案）

(2) 適用の範囲

対象は、橋長 15m 未満の 1 径間の橋梁、または、径間長 15m 未満の 2 径間の橋梁とする。

(a) 写真により撮影可能な距離

橋梁の部材には橋上の路面、高欄等と、橋下の床版、桁、支承等があり、上下面の両方からの損傷の把握が必要となる。

橋下は、一般的に日当たりが悪く、写真撮影時にはストロボを伴うことが多く、橋下の河川の状況等により、写真撮影位置が橋台付近に限定される。

そのため、橋台付近から撮影した際に、ストロボが届く距離である 15m を本手法が対象とする橋長または径間長とする。

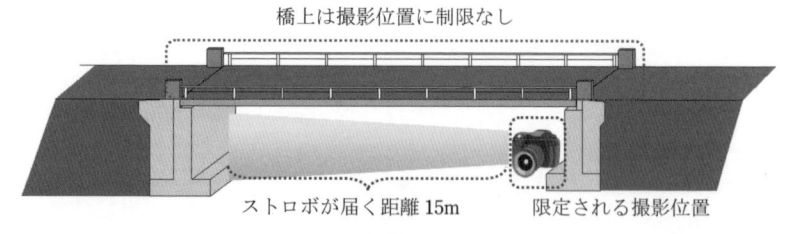

図 7-12 写真撮影が可能な距離

(b) 対象とする径間長

橋下の損傷状況の撮影は、橋台から行うことが基本となるため、橋台からの撮影できる 2 径間までを本手法の対象とする。

3 径間以上の橋梁は、中央径間の撮影が橋脚により行えないため、対象外とした。

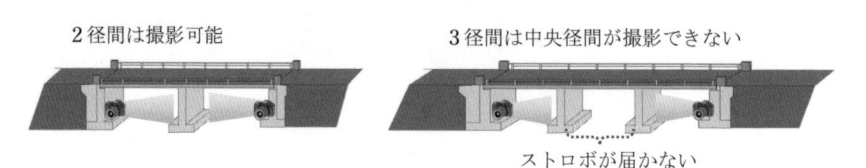

図 7-13 撮影可能な橋梁

（3） 調査の実施
（a） 調査方法

　目視により損傷を発見し、損傷状況を写真撮影する。損傷の発見は、橋上だけでなく、梯子等により橋下へ降りることで行う。可能な限り近接により行うことが望ましいが、そのために点検車両等の大がかりな機材を必要とする場合には、遠望から損傷を発見する。2回目以降の調査の場合は、前回調査で撮影された損傷を現地で確認し、必ず撮影する。

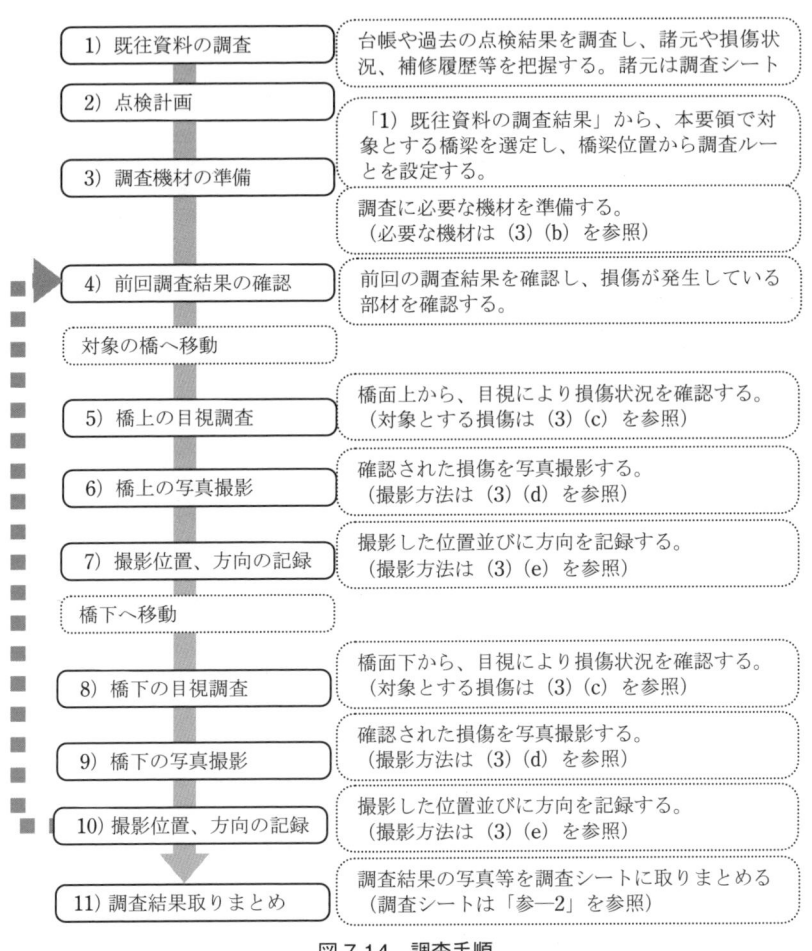

1) 既往資料の調査	台帳や過去の点検結果を調査し、諸元や損傷状況、補修履歴等を把握する。諸元は調査シート
2) 点検計画	「1) 既往資料の調査結果」から、本要領で対象とする橋梁を選定し、橋梁位置から調査ルートを設定する。
3) 調査機材の準備	調査に必要な機材を準備する。（必要な機材は（3）(b) を参照）
4) 前回調査結果の確認	前回の調査結果を確認し、損傷が発生している部材を確認する。
対象の橋へ移動	
5) 橋上の目視調査	橋面上から、目視により損傷状況を確認する。（対象とする損傷は（3）(c) を参照）
6) 橋上の写真撮影	確認された損傷を写真撮影する。（撮影方法は（3）(d) を参照）
7) 撮影位置、方向の記録	撮影した位置並びに方向を記録する。（撮影方法は（3）(e) を参照）
橋下へ移動	
8) 橋下の目視調査	橋面下から、目視により損傷状況を確認する。（対象とする損傷は（3）(c) を参照）
9) 橋下の写真撮影	確認された損傷を写真撮影する。（撮影方法は（3）(d) を参照）
10) 撮影位置、方向の記録	撮影した位置並びに方向を記録する。（撮影方法は（3）(e) を参照）
11) 調査結果取りまとめ	調査結果の写真等を調査シートに取りまとめる。（調査シートは「参―2」を参照）

図7-14　調査手順

① **橋下へ降りる必要性**

橋梁の主要部材は橋面より下にあるため、重大な損傷は橋下で生じることが多い。また、下部工についても橋上からでは十分に把握することは難しい。

そのため、損傷の把握は、橋上からだけでなく、橋下から行うことを基本とする。

橋下に降りることが困難である場合、直轄点検要領では、橋梁点検車や高所作業車等を使用して点検を実施しているが、本手法では、そこまで大がかりな手法をとらず、調査対象外の橋梁として選別し、別途点検を行う際に橋梁点検車等の機器を用いて行うこととする。

図 7-15 橋梁点検車による大がかりな点検例

表 7-4 橋上に生じる損傷と橋下に生じる損傷

損傷の種類	橋面上	橋面下
①鋼部材における腐食状況	△	○
②鋼部材における亀裂の有無	△	○
③鋼部材におけるボルトの脱落の有無	△	○
④鋼部材における破断の有無	△	○
⑤コンクリート部材におけるひび割れ・漏水・遊離石灰の発生状況	△	○
⑥コンクリート部材における鉄筋露出の有無	△	○
⑦コンクリート部材における抜け落ちの有無	△	○
⑧床版のひび割れの発生状況	×	○
⑨プレストレストコンクリートにおける PC ケーブル定着部の損傷の有無	×	○
⑩橋梁の路面の凹凸の有無	○	×
⑪支承の機能障害の有無	×	○
⑫下部工の変状の有無	×	○

橋梁の部材

橋上

橋下

■橋上の部材
・高欄
・路面
・地覆
　（上弦材等：トラス構造）
　（アーチリブ：アーチ構造）等
■橋下の部材
・主桁、横桁、縦桁、対傾構
・床版
・下部工
・支承
・PC ケーブル定着部　等

△：構造形式によっては対象、高欄等付属施設については対象となる場合

② 遠望と近接の違い

近年の写真技術の進歩により、写真精度は格段に向上し、撮影した画像データから損傷部分を拡大することで、多くの損傷の状況把握が可能である。

そのため、床版の損傷等は、遠望からの撮影を可能とする。

しかし、支承等橋下からの撮影が困難な部材については、脚立等の簡易な方法で近接し、写真撮影することが望ましい。

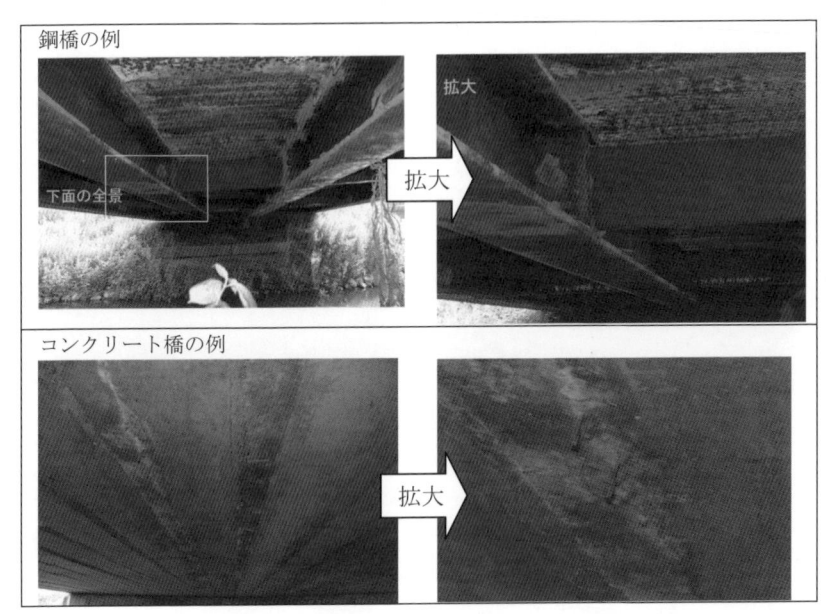

図 7-16 遠望から撮影した写真とその拡大

③ 前回損傷箇所の継続調査の必要性

損傷は、時間経過や外力の作用等により進展し、最終的には橋梁の安全性を脅かす損傷となる。

損傷への対策実施の判断は、損傷の状況だけでなく、進展状況も重要な情報であり、その進展を把握するためには、前回調査結果と最新の調査結果との比較を行うことで可能となる。

そのため、2回目以降の調査では、必ず前回の調査結果を事前に確認しておき、損傷が撮影されていた場合には、現地にて同一箇所の損傷を確認し、撮影することが必要である。

(b) 調査のために準備する機材

調査には、撮影器具、近接用具、記録用具、安全器具を用意する。

① 撮影器具

本手法で推奨する撮影器具は以下のとおりとする。

表 7-5　撮影器具

項目	仕様と推奨理由
カメラ	画素数 1,000 万画素以上 ・遠望撮影を行っても近接撮影程度の品質を確保する。
レンズ	300mm 望遠レンズ（絞り F2.8） ・市販レンズで一般的に良い画質が得られる。
ストロボ	ガイド№ 40 以上 ・ストロボが届く距離を 15m 程度とする。
記録メディア	デジタルカメラに準拠したメディア ・画質をファイン、大きさをＬ判とした場合、ファイルサイズは、4.8MB/枚程度となる。 ・1 橋当り、30 枚撮影した場合には 144MB/橋、1 日当り 5 橋程度を行う場合には 720MB 必要となる。
コンベックス	一般的なコンベックス ・写真撮影の際、段差等の量も併せて記録できる。
ポール	距離計測が可能なポール ・コンベックスが当てられない場合、損傷と共に写真撮影を行うことで、損傷程度を概略把握できる。

② 近接用具

橋梁の調査には、橋下へ降りるための梯子、支承等へ近接するための脚立が必要となる。また、橋下はぬかるんでいることが多いことや、浅い河川であれば河川内への侵入による写真撮影も行えるよう、長靴等を使用する。

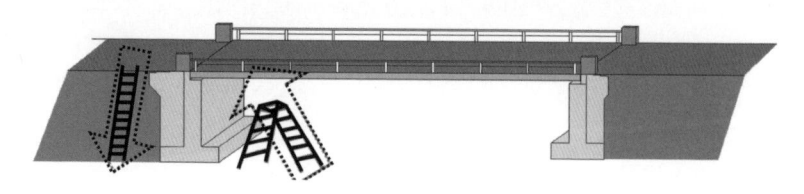

図 7-17　梯子、脚立の利用例

③ 記録用具
現地での記録用に、野帳と筆記用具を用意する。
野帳には、写真撮影を行った位置と方向、撮影箇所等を記載しておき、事務所での調査シート作成のための資料とする。

④ 安全器具
橋下に降りる場合や、桁高さが高く検査路等がある場合には、安全帯を着用し移動時、調査時の落下防止策を講じる。
また、橋上での作業時には一般車両の通行もあるため、安全ベストを着用した安全確保が必要となる。

図 7-18　安全帯（左側）、安全ベスト（右側）

(c) 調査項目
【調査により損傷の状況を撮影・記録する損傷】
ⓐ鋼部材における腐食状況、ⓑ鋼部材における亀裂の有無、ⓒ鋼部材におけるボルトの脱落の有無、ⓓ鋼部材における破断の有無、ⓔコンクリート部材におけるひび割れ・漏水・遊離石灰の発生状況、ⓕコンクリート部材における鉄筋露出の有無、ⓖコンクリート部材における抜け落ちの有無、ⓗ床版のひび割れの発生状況、ⓘプレストレストコンクリート部材における PC ケーブル定着部の損傷の有無、ⓙ路面の凹凸の有無、ⓚ支承の機能障害の有無、ⓛ下部工の変状の有無

① 対象とする損傷
本手法で対象とした損傷は、「道路橋に関する基礎データ収集要領（案）（以下基礎デ要領）」で定められた損傷と同一とする。
基礎デ要領は、著しい劣化の有無など道路橋の健全度に着目した調査時点の状況についての概略をできるだけ簡易に把握することを目的とした要領であり、「橋梁

定期点検要領（案）（以下 直轄点検要領）」で対象としている損傷を内容や部材ごとに区分、整理されている。

そのため、基礎デ要領で対象となっている損傷については、最低限把握しておくべきものとした。

② **調査する部材**
　ⓐ　鋼部材における腐食状況
　・桁端部から主たる部材（主桁、横構、端対傾構、端横桁 等）の腐食状況を確認する。
　ⓑ　鋼部材における亀裂の有無
　・桁端部への近接によって、視認できる範囲の全ての部材の亀裂の有無を確認する。支点部近傍の部材溶接部やゲルバー桁の架け違い部の亀裂は橋の健全性に大きく影響する場合があるので調査に当たっては注意が必要である。
　ⓒ　鋼部材におけるボルトの脱落の有無
　・全ての主たる部材について、ボルトの脱落の有無を確認する。
　ⓓ　鋼部材における破断の有無
　・全ての主たる部材について、破断を確認する。
　ⓔ　コンクリート部材におけるひび割れ・漏水・遊離石灰の発生状況
　・主桁、下部工等の主たる部材について、外観の変状を確認する。
　ⓕ　コンクリート部材における鉄筋露出の有無
　・全ての主たる部材について、鉄筋露出を確認する。
　ⓖ　コンクリート部材における抜け落ちの有無
　・全ての床版について、抜け落ちの有無を確認する。
　ⓗ　床版のひび割れの発生状況
　・桁端部から2パネルについて、近接目視にて確認する。
　ⓘ　プレストレストコンクリートにおけるPCケーブル定着部の損傷の有無
　・全てのPC鋼材定着部について、確認する。
　ⓙ　路面の凹凸の有無
　・全ての凹凸や段差について、確認する。
　ⓚ　支承の機能障害の有無
　・全ての支承について、確認する。
　ⓛ　下部工の変状の有無
　・全ての下部工について、沈下・移動・傾斜・洗掘を確認する。

(d) 写真撮影方法

損傷写真は、損傷状況が把握できるよう損傷全体を撮影する。撮影時は、損傷部のみ拡大して撮影するのではなく、部材の中での損傷割合が把握できるよう、全体も含めた写真として整理する。

① 撮影する写真の範囲

専門技術者が損傷の評価並びに対策区分の判定を行うためには、部材に占める損傷の程度を把握する必要がある。

そのため、損傷状況を撮影する際には、損傷の程度(広がり具合)まで把握できるよう全体を含めて撮影しておくことが必要となる。

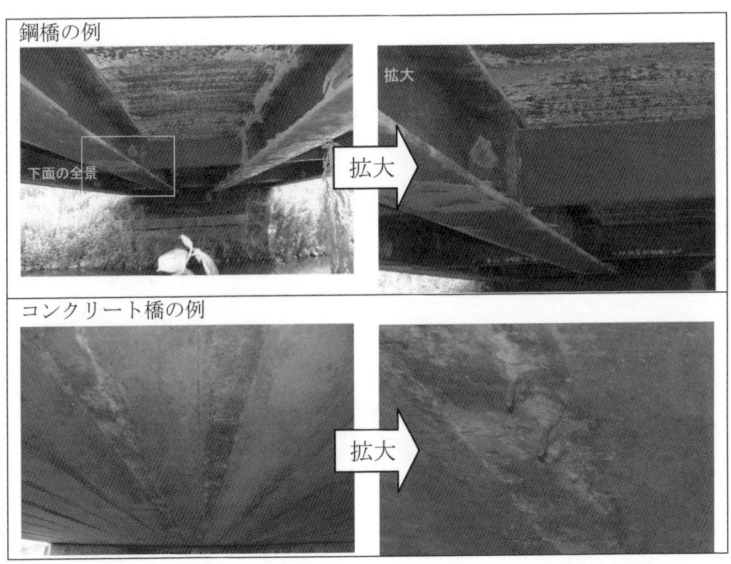

図7-19 損傷状況の撮影イメージ(左側)と拡大画面(右側)

(e) 写真撮影位置、方向の記録方法

損傷写真を撮影した際には、撮影した位置と方向を記録する。

① 撮影位置と方向の記録の必要性

専門技術者が損傷の評価並びに対策区分の判定を行うためには、損傷の進展状況が重要な情報となる。

損傷の進展状況を把握するためには、継続的に同じ損傷を同じ方向から撮影し

ておくことが重要であり、そのためにも、損傷位置と方向を記録しておくことが必要である。

損傷位置と方向は、異なる調査者が行っても同様に写真撮影が行えるよう、統一された考え方で記録（マーク）しておく必要がある。

撮影マークは、写真番号を数字で、撮影方向を矢印の方向で、撮影した損傷の位置を矢印の先端位置として表現する。

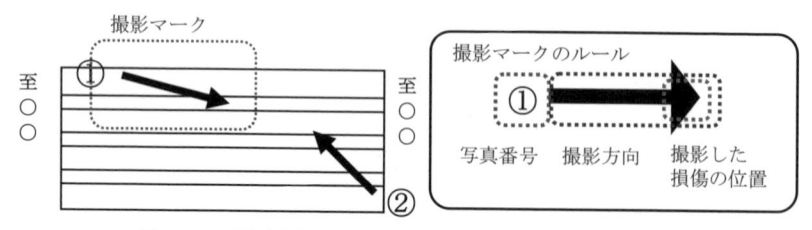

図7-20　撮影位置図（左側）撮影マークのルール（右側）

（4）調査結果の記録

損傷写真は、径間ごとに各部材の各損傷について最大3枚まで記録する。写真は、撮影した部材、撮影方向を図面として記録する。写真以外には、調査日時、調査者氏名を併せて記録する。

① 写真枚数の制限

損傷写真は、目視により確認された損傷全てに対して撮影しておくことが望ましいが、あまりにも多くの損傷写真を記録しておくと、専門技術者による損傷の評価や対策区分の判定の際に、全ての写真を確認する必要が生じ、膨大な作業時間を必要とする。

また、その際に軽微な損傷のみ確認し、重大な損傷を見逃すようなミスも生じる可能性が高まる。

そのため、本手法では、1径間当りの各部材について、損傷種類ごとに悪いものから、最大3枚まで記録することとした。

② 調査者の記録

調査結果は、写真は位置、日時だけでなく、調査者の氏名や顔写真を併せて記録しておくことが望ましい。

調査者の氏名や顔写真を記録することで、調査者による調査結果の保証となることや、調査結果の確認を行う際の問い合わせ先も確認が可能となる。

また、氏名や顔写真を記録した調査結果により、道路管理者並びに道路利用者にとっての安心感を向上させることも期待される。

ただし、氏名や顔写真の記録は、品質確保の観点から行うものであり、橋梁の事故等が起きたときに調査の不備を追及するものではない。

そのため、氏名と顔写真を記録する運用とする際には、調査者への過度な責任を負わせない仕組みとして行うことが重要である。

参-1　対象とする損傷の事例

本手法で対象とする損傷の発生状況を「基礎デ要領」の参考事例より抜粋した。調査の実施に当たっては、損傷事例を参考に、損傷を発見、記録する。

なお、本手法は、損傷の程度を評価するものではないため、評価ランクではなく、軽微から重度といった損傷の程度を示している。

① 鋼部材における腐食状況（下段は耐候性鋼材の例）

【着目点】
　腐食しやすい箇所は、漏水の多い桁端部、水平材上面など滞水しやすい箇所、支承部周辺、通気性、排水性の悪い連結部、泥、ほこりの堆積しやすい下フランジの上面、溶接部等である。

軽微　←――――――――――――――――――→　重度

一部に表面的な錆	全体に表面的な錆	一部に板厚減少を伴う錆	全体に板厚減少を伴う錆
一様な錆が発生	うろこ状の錆が発生	局部的に異常な錆が発生	全体的に層状剥離

② 鋼部材における亀裂の有無

【着目点】
応力集中が発生しやすい部材の断面急変部や溶接接合部などに多く現れる。
亀裂の大半は極めて小さく溶接線近傍のように表面性状が滑らかでない場合には、表面傷や錆等による凹凸の陰影の見分けがつきにくいことがある。
塗装がある場合に、表面に開口した亀裂は塗膜割れを伴うことが多い。

あり

 線状の亀裂	 亀裂の疑いがある塗膜割れ	 桁端部の亀裂	 ゲルバー部の亀裂

③ 鋼部材におけるボルトの脱落の有無

【着目点】
ボルトが脱落している状態であり、ボルトが折損している場合も含む。

あり

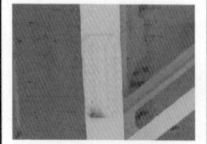 ボルトが脱落	 ボルトが破断し脱落	―	―

④ 鋼部材における破断の有無

【着目点】
床組部材や対傾構・横構などの2次部材、あるいは高欄、ガードレール、添加物やその取り付け部材に多く見られる。

あり

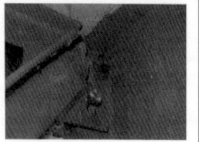 ガセットプレートの破断	 同左	―	―

⑤ コンクリート部材におけるひび割れ・漏水・遊離石灰の発生状況
（下段は下部工の例）

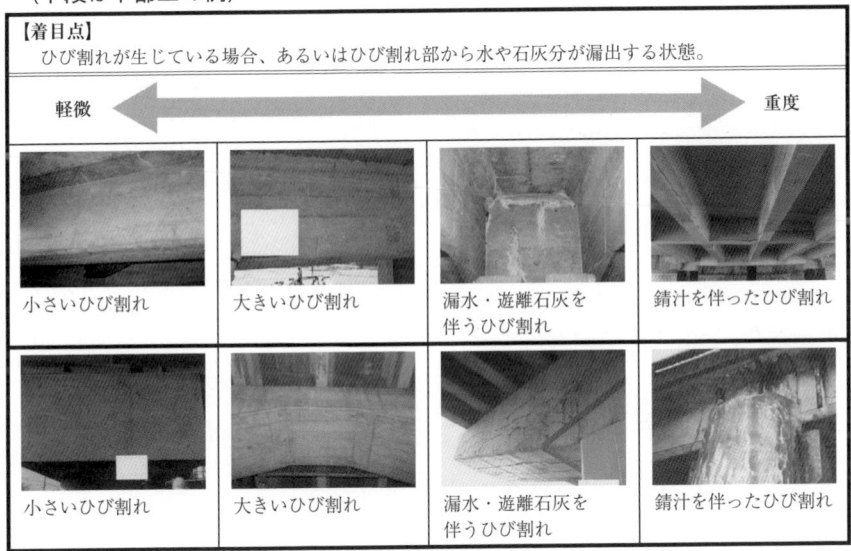

【着目点】
ひび割れが生じている場合、あるいはひび割れ部から水や石灰分が漏出する状態。

軽微 ⟵⟶ 重度

小さいひび割れ	大きいひび割れ	漏水・遊離石灰を伴うひび割れ	錆汁を伴ったひび割れ
小さいひび割れ	大きいひび割れ	漏水・遊離石灰を伴うひび割れ	錆汁を伴ったひび割れ

⑥ コンクリート部材における鉄筋露出の有無

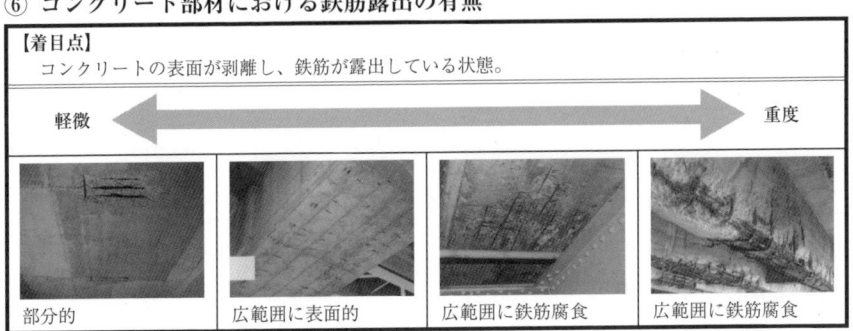

【着目点】
コンクリートの表面が剥離し、鉄筋が露出している状態。

軽微 ⟵⟶ 重度

部分的	広範囲に表面的	広範囲に鉄筋腐食	広範囲に鉄筋腐食

⑦ コンクリート部材における抜け落ちの有無

【着目点】

あり

 抜け落ちた事例	 抜け落ちた事例	―	―

⑧ 床版のひび割れの発生状況

【着目点】
床版下面に1方向、あるいは2方向のひび割れが生じる状態である。
ひび割れの方向の増加、ひび割れ間隔が狭くなるほどに重度の損傷となる。

軽微 ←――――――――→ 重度

 1方向ひび割れが主	 2方向ひび割れが発生	 2方向ひび割れと遊離石灰	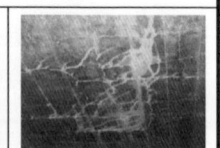 連続的な角落ちと遊離石灰

⑨ プレストレストコンクリート部材におけるPCケーブル定着部の損傷の有無

【着目点】
PCケーブル定着部のコンクリートに生じたひび割れから、錆汁が認められるもの、コンクリートが剥離している状態。

あり

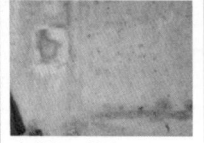 定着部の錆汁	 同左	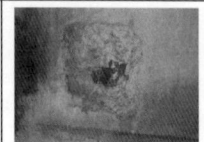 定着コンクリート剥離	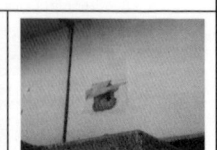 PC鋼材抜け落ち

⑩ 橋梁の路面の凹凸の有無

【着目点】			
衝撃力を増加させる要因となる路面に生じる橋軸方向の凹凸や段差。			
あり			
 段差がある	—	—	—

⑪ 支承の機能障害の有無

【着目点】			
支承の有すべき荷重支持や変位追随などの一部または全てが損なわれている状態。			
あり			
 移動機能が損なわれている	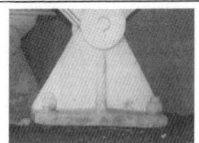 支承が浮き上がっている	 支承が壊れている	—

⑫ 下部工の変状の有無

【着目点】			
下部工の基礎部分の洗掘、下部工の沈下・移動・傾斜している状態			
軽微　←――――――――――――――――→　重度			
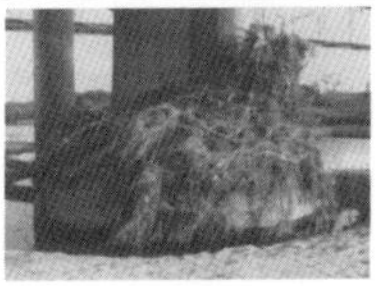 著しく洗掘している	 沈下・傾斜している	 移動・傾斜している	—

参-2　調査結果の記入シート

本手法で作成する調査シートは以下のとおりとする。

① 調査シート1：調査概要

■調査概要

調査日時		天候		【調査者写真】
橋梁名		路線名		
調査者氏名				
調査会社名				
連絡先	Tel：	Fax：	Mail：	

■内容確認者捺印欄　(内容確認日時：平成〇年〇月〇日)

道路管理者：〇〇市役所　〇〇部　〇〇課

部長	課長	担当者

調査担当者：〇〇株式会社　〇〇部　〇〇課

照査技術者	管理技術者	担当者

② 調査シート2：諸元情報
・ハンドブックの付録「地方管理橋梁基礎データ入力システム」により作成

③ 調査シート3：損傷写真
・ハンドブックの付録「地方管理橋梁基礎データ入力システム」により作成

④ 調査シート4：損傷位置図

■損傷図

上面図	下面図

【凡例】 ① 写真番号　撮影方向　撮影した損傷の位置

【参考資料】
※1　橋梁定期点検要領（案）、平成16年3月、国土交通省 道路局 国道・防災課

7.3 地方管理橋梁基礎データ入力システム

(1) 開発の背景

「地方管理橋梁基礎データ入力システム（以下、入力システム）」は、データベースを構築する際の財政的な負担の低減、橋梁の維持管理情報の蓄積による劣化傾向・劣化進行の分析等への活用を目的として、公益事業として開発し、道路保全技術センター（以下、保全センター）のHPより無償ダウンロードを行っている。

入力システムの開発経緯として、国の地方自治体への財政的支援（①）、技術的支援（②、③）が挙げられる。

① 長寿命化修繕計画策定費補助事業の創設

国土交通省は、平成19年度に「長寿命化修繕計画策定費補助事業」を創設、地方自治体の管理計画策定へ補助を行うこととした。

② 道路橋に関する基礎データ収集要領（案）の作成、公表

国土技術政策総合研究所は、橋梁の現況データ把握のため、「道路橋に関する基礎データ収集要領（案）」（以下、基礎デ要領）を作成、国総研資料として公表した。

③ 橋梁技術講習会での講師、入力システムの紹介

　橋梁の維持管理において、基礎デ要領による調査結果や諸元データ等を電子データとして管理しておくことは、効率的な維持管理に役立つと考えられる。このため、保全センターは、新規施策理解促進のための講習会（地方整備局：都道府県向け、都道府県：市町村向け）において、開発した入力システムの紹介を実施した。

（2） 入力システムの利用について

（a） 入力システムの利用者

　入力システムの利用者は、基本的に地方自治体を想定している。
　しかし、地方自治体が基礎デ要領を用いた橋梁調査や結果の取りまとめ等を業務委託することも十分想定されるため、その際は、受注者である財団法人やコンサルタントも利用者となる。

（b） 入力システムの著作権

　入力システムの著作権は、開発者である保全センターが有している。
　利用者が入力システムを利用しやすいよう、独自に改良する場合には、著作者に改良内容を報告することが必要であるとともに、改良したシステムには保全センターと改良した利用者に二次著作権が生じる。
　また、改良されたシステムは、その他の利用者に公開する。

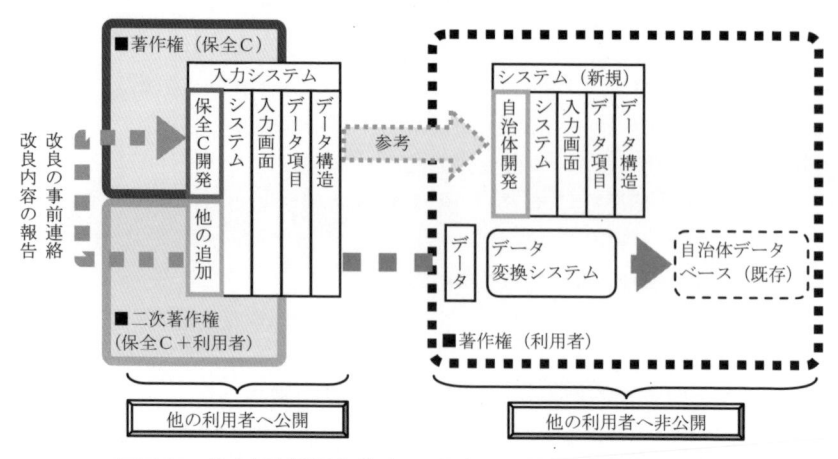

図 7-21　地方管理橋梁基礎データ入力システムの著作権の概念図

(3) 入力システムの稼働環境

本システムは、オペレーションシステムとして、Microsoft Windows、その他必要なソフトとして Microsoft Excel が必要となる。

以下に入力システムの稼働環境を示す。

①日本語版オペレーティングシステム
・Microsoft Windows 2000 Professional Service Pack 3 以上*

②コンピュータ本体
・Pentium II 450 MHz 以上のプロセッサを搭載したパーソナルコンピュータ

③メモリ
・512MB 以上の実装メモリを推奨

④ハードディスク
・インストール先ドライブに 30MB 以上の空き容量が必要

⑤ディスプレイ
・解像度 1024 × 768 ドット以上
・256 色以上の表示が可能なディスプレイ

⑥その他
・Microsoft Excel 2000 以上がインストールされていること
・Adobe Reader がインストールされていること
・結果を印刷する際には Windows 対応プリンタが接続されていること
・Microsoft Windows 2000 を使用する際には、Windows Update を実行し、ソフトウェアの更新をしておくこと

＊Microsoft Windows Vista では、システムが正常に稼働しない可能性があります。

（4）入力システムの機能
（a）機能概要

入力システムでは、(1) 諸元等データの入力、(2) 基礎デ要領の調査シートの自動作成、(3) 基礎デ要領の調査結果の入力、(4) 写真、図面データの登録、(5) 長寿命化修繕計画作成支援、(6) 補修履歴情報の入力、が可能である。

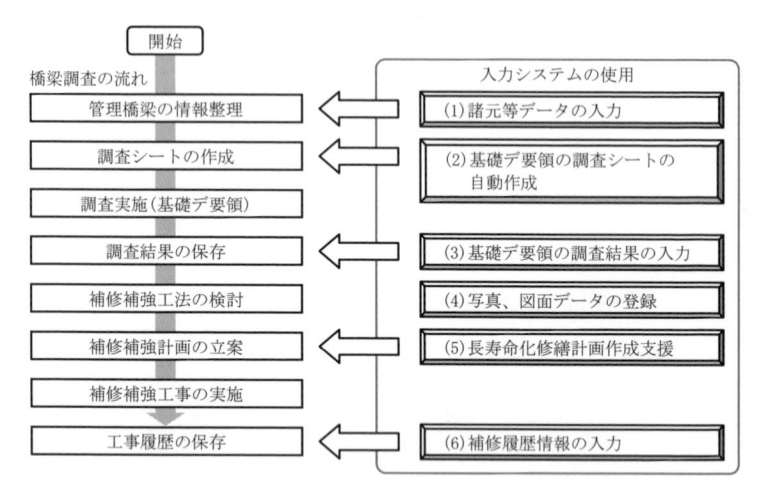

図7-22 橋梁調査の流れと入力システムの使用

（b）諸元等データの入力

入力システムには、諸元等データとして、橋梁に関する情報を入力することができる。

また、入力手間の軽減を可能とするため、「道路施設現況調査の調査シート」から、諸元等データを一括読み込みすることが可能である。道路施設現況調査とは、道路法第77条による調査であり、橋梁の場合は15m以上を対象に調査し、国土交通大臣へ報告することが義務付けられたものである。

① 入力する諸元等データ

入力システムには、橋梁に関する情報として、ⅰ）諸元等データ、ⅱ）上部工データ、ⅲ）下部工データ、の入力が可能である。

入力データには、入力システムのその他の機能である「基礎デ要領の調査シートの自動作成」等に必要なデータとして入力必須項目がある（必須項目：以下※印で表記）。

それら情報の入力は、プルダウンメニューによる入力手間の省力化を図っている。

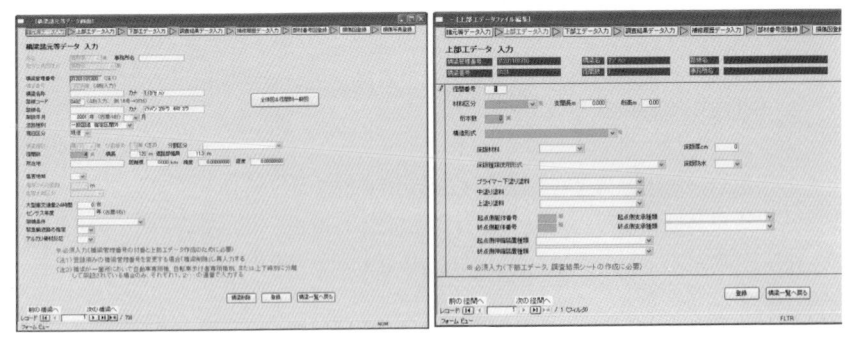

図 7-23　入力画面の例

i ）諸元等データ入力
   a) 県名※：プルダウンメニューより選択
   b) 事務所：日本語（全角英数字）で記入
   c) 地方公共団体名称※：プルダウンメニューより選択
   d) 橋梁管理番号：「地方公共団体名称」「橋梁番号」「分割番号」から自動作成
   e) 橋梁番号※：4桁の橋梁コードを数値で記入
   f) 橋梁名称：日本語（全角英数字）で記入
   g) 橋梁名称（カナ）：日本語（半角カタカナ）で記入
   h) 路線コード：4桁の数値で記入
   i) 路線名：日本語（全角英数字）で記入
   j) 路線名（カナ）：日本語（半角カタカナ）で記入
   k) 架設年：数値で記入（西暦）
   l) 架設月：数値で記入
   m) 道路種別：プルダウンメニューより選択
   n) 現旧区分：プルダウンメニューより選択
   o) 橋梁種別※：プルダウンメニューより選択
   p) 分割番号※：自動車専用橋、自転車歩行者専用橋の分割有無を記入
   q) 分割区分名：プルダウンメニューより選択
   r) 径間数※：径間数を記入
   s) 橋長：橋台のパラペット前面からの距離を記入

- t) 道路部幅員：道路部幅員をメートル単位で記入（小数点以下2位は四捨五入）
- u) 所在地：起点側の所在地の市区町村名を日本語で記入
- v) 百米km：パラペット前面位置の距離標（百米標）を記入
- w) 緯度：平面直角座標で記入
- x) 経度：平面直角座標で記入
- y) 塩害地域：該当の有無をプルダウンメニューより選択
- z) 海岸からの距離：海岸線からの距離を記入
- aa) 塩害地域区分：プルダウンメニューより選択
- bb) 大型車交通量（台/24H）：数値で記入
- cc) センサス年度：数値で記入（西暦）
- dd) 架橋条件：プルダウンメニューより選択
- ee) 緊急輸送路の指定：該当の有無をプルダウンメニューより選択

ii）上部工データ入力
- a) 径間番号：起点側から付した通し番号を記入
- b) 材料区分※：プルダウンメニューより選択
- c) 支間長：数値で記入（小数点以下3位まで）
- e) 桁高：主桁または主構高さの最大値を記入（小数点以下2位まで）
- f) 桁本数※：主桁本数を記入
- g) 構造形式※：プルダウンメニューより選択
- h) 床版材料：プルダウンメニューより選択
- i) 床版厚：床版の最小の厚さを記入（小数点以下1位まで）
- j) 床版種類使用形式：プルダウンメニューより選択
- k) 床版防水：該当の有無をプルダウンメニューより選択
- l) プライマー下塗り塗料：プルダウンメニューより選択
- m) 中塗り塗料：プルダウンメニューより選択
- n) 上塗り塗料：プルダウンメニューより選択
- o) 起点側躯体番号※：下部工の躯体番号を記入
- p) 終点側躯体番号※：下部工の躯体番号を記入
- q) 起点側支承種類：プルダウンメニューより選択
- r) 終点側支承種類：プルダウンメニューより選択
- s) 起点側伸縮装置種類：プルダウンメニューより選択
- t) 終点側伸縮装置種類：プルダウンメニューより選択

iii）下部工データ入力
- a) 躯体番号：躯体番号を記入（橋台は"A"、橋脚は"P"を付ける）
- b) 材料区分：プルダウンメニューより選択
- c) 下部構造高：構造高さを記入（小数点以下2位まで）
- d) 下部構造形式：プルダウンメニューより選択
- e) プライマー下塗り塗料：プルダウンメニューより選択
- f) 中塗り塗料：プルダウンメニューより選択
- g) 上塗り塗料：プルダウンメニューより選択

② 道路施設現況調査の自動取込み

入力システムでは、入力手間の省力化を目的として、一部のデータを道路施設現況調査から取り込む機能を有している。

【道路施設現況調査の読み込みにより省力化可能な入力項目（橋長15m以上のみ実施可能）】
- a) 県名、c) 地方公共団体名、d) 橋梁管理番号、e) 橋梁番号、
- f) 橋梁名称、g) 橋梁名称（カナ）、k) 架設年（※月は未入力）、
- m) 道路種別、n) 現旧区分、o) 橋梁種別、p) 分割番号、r) 径間数、
- s) 橋長、t) 道路部幅員

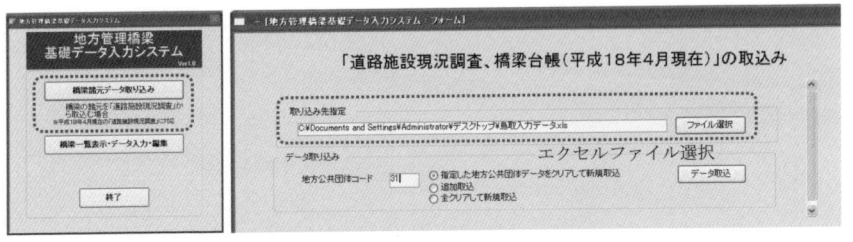

図7-24 道路施設現況調査の取込み画面

(c) 基礎デ要領の調査シートの自動作成

入力システムでは、入力された諸元等のデータを基に、基礎デ要領の調査シートを自動作成する機能を有している。

ただし、全ての橋梁形式には対応しておらず、一般的な形式についてのみ作成可能である。

① **自動作成可能な橋梁形式と自動作成できない橋梁形式**

データベースでは、入力された諸元データを基に、一部の上部工形式を対象に基礎デ要領の調査書式を自動的に作成することができ、現地での調査の資料準備が可能となる。

調査シートの自動作成ができる上部工形式とできない上部工形式は**表 7-6** のとおりである。

なお、道路施設現況調査を対象に分析した結果、データベースにより点検シートを自動作成できる上部工形式は、約9割であることが確認されている。

表 7-6 調査シートの自動作成ができる上部工形式とできない上部工形式の一覧

	構造形式	構造形式
自動作成ができる上部工形式	鋼溶接橋 I桁(非合成) 鋼溶接橋 I桁(合成) 鋼溶接橋 I桁(鋼床版) 鋼溶接橋 I桁(不明) 鋼溶接橋 H形鋼(非合成) 鋼溶接橋 H形鋼(合成) 鋼溶接橋 H形鋼(不明) 鋼溶接橋 鋼桁橋(その他) 鋼(鉄)リベット橋 I桁(非合成) 鋼(鉄)リベット橋 I桁(合成) 鋼(鉄)リベット橋 I桁(鋼床版) 鋼(鉄)リベット橋 I桁(不明) 鋼(鉄)リベット橋 H形鋼(非合成) 鋼(鉄)リベット橋 H形鋼(合成) 鋼(鉄)リベット橋 H形鋼(不明) 鋼(鉄)リベット橋 鋼桁橋(その他) RC橋 RC床版橋(その他)	RC橋 RC 中実床版 RC橋 RC 中空床版 RC橋 RC T桁 RC橋 RC桁橋(その他) PC橋 PC 床版橋その他 PC橋 プレテン床版 PC橋 プレテン中空床版 PC橋 ポステン中空床版 PC橋 プレテンT桁 PC橋 プレテンT桁(合成) PC橋 ポステンT桁 PC橋 ポステンT桁(合成) PC橋 PC桁橋(その他) H型鋼 H形鋼(非合成) H型鋼 H形鋼(合成) H型鋼 H形鋼(不明)
自動作成ができない上部工形式	鋼溶接橋 箱桁(非合成) 鋼溶接橋 箱桁(合成) 鋼溶接橋 箱桁(鋼版) 鋼溶接橋 箱桁(不明) 鋼溶接橋 トラス橋 鋼溶接橋 タイドアーチ(アーチ橋) 鋼溶接橋 ランガー(アーチ橋) 鋼溶接橋 ローゼ(アーチ橋) 鋼溶接橋 フィレンデール(アーチ橋) 鋼溶接橋 ニールセン(アーチ橋) 鋼溶接橋 アーチ橋 鋼溶接橋 ラーメン橋 鋼溶接橋 斜張橋(その他) 鋼溶接橋 箱桁(斜張橋) 鋼溶接橋 トラス(斜張橋) 鋼溶接橋 吊橋(その他) 鋼溶接橋 I桁(吊橋) 鋼溶接橋 箱桁(吊橋) 鋼溶接橋 トラス(吊橋) 鋼溶接橋 その他(鋼溶接橋) 鋼(鉄)リベット橋 箱桁(非合成) 鋼(鉄)リベット橋 箱桁(合成) 鋼(鉄)リベット橋 箱桁(鋼床版) 鋼(鉄)リベット橋 箱桁(不明) 鋼(鉄)リベット橋 トラス橋 鋼(鉄)リベット橋 アーチ橋(その他) 鋼(鉄)リベット橋 タイドアーチ(アーチ橋) 鋼(鉄)リベット橋 ランガー(アーチ橋) 鋼(鉄)リベット橋 ローゼ(アーチ橋) 鋼(鉄)リベット橋 フィレンデール(アーチ橋)	鋼(鉄)リベット橋 ニールセン(アーチ橋) 鋼(鉄)リベット橋 アーチ橋 鋼(鉄)リベット橋 ラーメン橋 鋼(鉄)リベット橋 斜張橋(その他) 鋼(鉄)リベット橋 箱桁(斜張橋) 鋼(鉄)リベット橋 トラス(斜張橋) 鋼(鉄)リベット橋 吊橋(その他) 鋼(鉄)リベット橋 I桁(吊橋) 鋼(鉄)リベット橋 箱桁(吊橋) 鋼(鉄)リベット橋 トラス(吊橋) RC橋 RC 箱桁 RC橋 RC溝橋(BOXカルバート) RC橋 アーチ橋 RC橋 ラーメン橋 RC橋 斜張橋(その他) RC橋 箱桁(斜張橋) RC橋 その他(RC橋) PC橋 プレテン箱桁 PC橋 プレテン箱桁(合成) PC橋 ポステン箱桁 PC橋 ポステン箱桁(合成) PC橋 アーチ橋 PC橋 ラーメン橋 PC橋 斜張橋(その他) PC橋 箱桁(斜張橋) PC橋 その他(PC橋) SRC橋 その他(SRC橋) 石橋 その他(石橋) 木橋 その他(木橋) その他 その他

② 自動作成できない場合の調査シートの作成

調査シートが自動作成できない場合には、入力システムの画面上で、基礎デ要領に基づいた調査シートを作成する。

調査シートの作成は、入力システムにて、部材種別を選択、部材番号を入力することで行える。

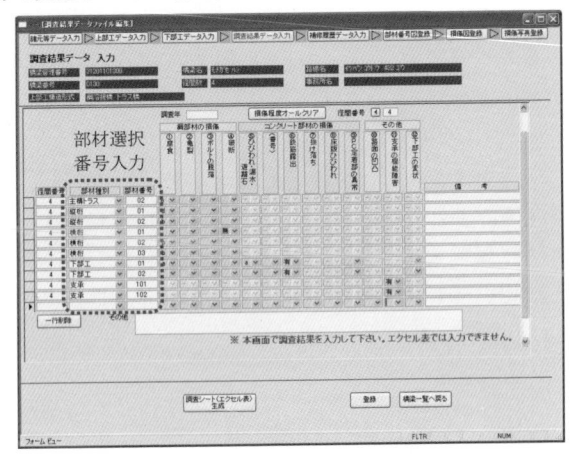

図 7-25 調査シートの作成画面

(d) 基礎デ要領の調査結果の入力

調査結果は、作成した調査シートから Excel を起動し、入力する。

入力は、プルダウンメニューから選択することで行う。

入力システムで、調査シート生成ボタンをクリックすることで、Excel ファイルとしての調査シートを呼び出し、入力を行う。

入力終了後、Excel を上書き保存し、システム画面上で登録を行う。

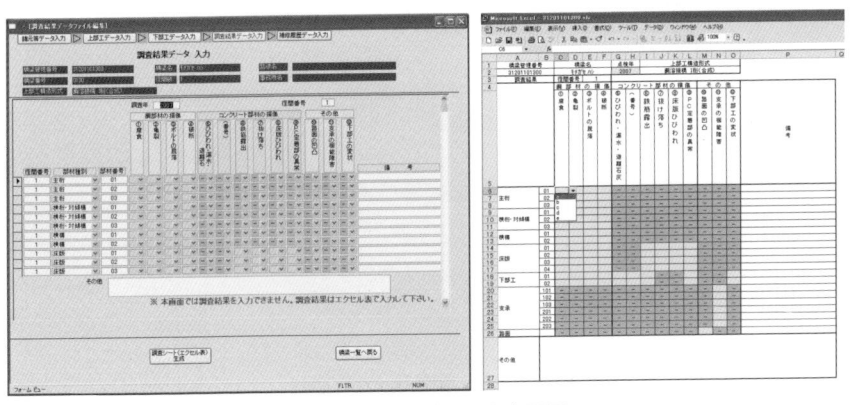

図 7-26 調査結果の入力画面

(e) 写真、図面データの登録

損傷の写真や、一般図等のデータは、指定フォルダに保存する。

保存した写真には、部材番号等のテキスト情報を登録し、書式に沿って出力が可能である。

① データの保存

入力システムでは、橋梁の諸元等データを登録した時点で、自動的に各橋梁のフォルダが作成されるため、一般図、損傷写真、損傷図等のデータは、指定のフォルダに保存する。

また、それらイメージデータのファイルは、3桁の連番で管理する（001.jpg、002.jpg……）。

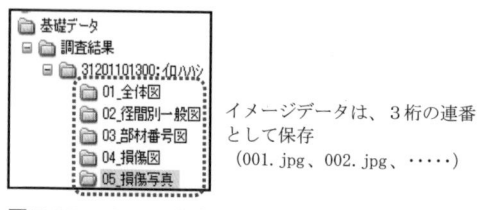

図 7-27　イメージデータの保存場所

② 一般図データの登録

入力システムでは、諸元等データの一部として、一般図データの登録が可能である。

一般図データの登録は、諸元等入力画面の全体図、径間別一般図ボタンをクリックし、対象ファイルを選択することで行える。

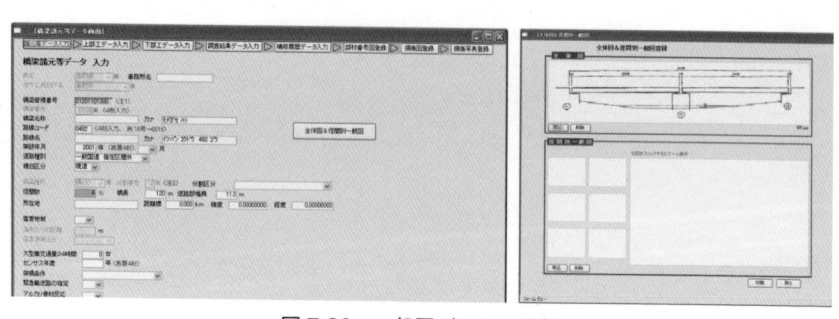

図 7-28　一般図データの登録

③ 損傷写真、損傷図データの登録

入力システムでは、調査結果の損傷写真と損傷図の登録が可能である。

損傷写真等データの登録は、指定保存場所から目的とする写真を選択し、その基本情報を入力する。

また、登録した写真等は、調査票で出力が可能である。

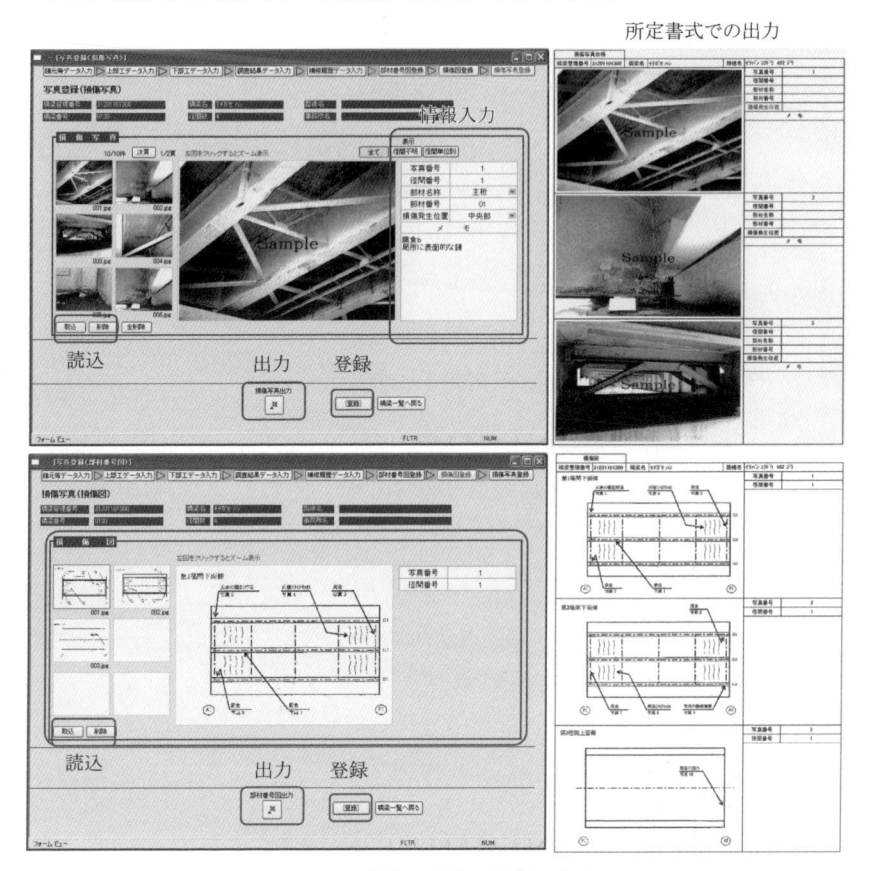

図7-29　損傷写真等の登録と出力

(f) 長寿命化修繕計画作成支援

入力システムでは、入力された情報を基に、長寿命化修繕計画【様式1-2】の出力が可能である。

橋梁一覧画面で長寿命化修繕計画対象橋梁を選択し、指定したフォルダに長寿命化修繕計画【様式1-2】を保存、出力することができる。なお、対策の内容・

時期については、システム利用者が記入するものとする。

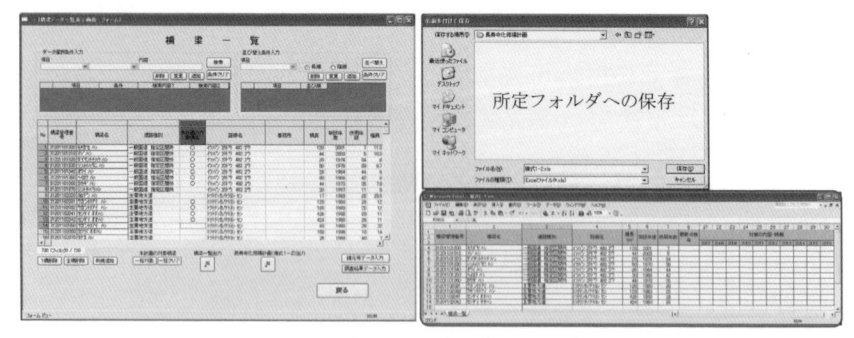

図7-30　長寿命化修繕計画【様式1-2】の出力

(g) 補修履歴データの入力

　今後の補修・補強を実施した場合、補修履歴データベースとして、管理橋梁に実施した補修履歴を蓄積することが可能である。

　システムに入力する補修履歴データは以下のとおりである。

【補修履歴データ】
　　a)　径間番号：補修・補強を実施した径間番号を記入
　　b)　補修改良年：補修・補強の実施年を数値で記入（西暦）
　　c)　部材種別：プルダウンメニューより選択
　　d)　部材番号：補修・補強を実施した部材番号を記入
　　e)　補修・補強工法：プルダウンメニューより選択
　　f)　備考：要因等、その他特記事項を記入（日本語100文字以内）

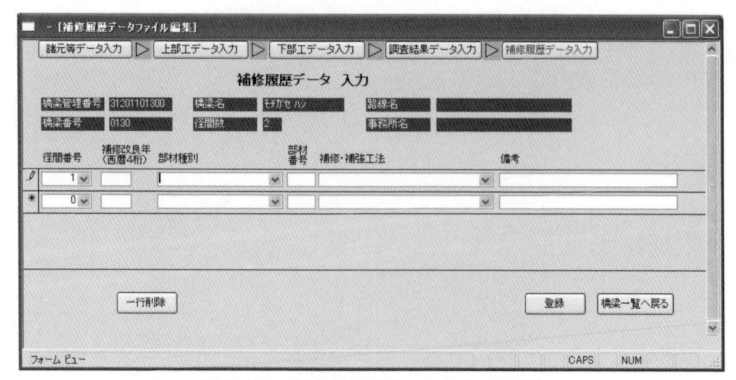

図7-31　補修履歴データの入力画面

索　引

A〜Z

ARM³　*150*
BHI　*155*
BMS　*136, 140*
CVM　*43*
LCC　*105, 135, 141, 146*
　　維持管理計画における――　*113*
　　――計算の単位　*113*
　　道路施設の――　*109*
　　――の計算期間　*125*
　　部材単位の――　*121*
NEXCO　*150*
NPM　*8*
PIARC　*14*
PMS　*135*
PONTIS　*154, 155*
PPP 事業　*162*
RC 床版疲労　*117*

あ

アウトカム指標　*150*
アセットマネジメントの定義　*15, 16*
アルカリ骨材反応　*116*
安全性　*46*

い

維持管理計画　*31, 38, 40, 42, 51*
維持管理計画サイクル　*41*
維持管理コスト　*109*
維持管理シナリオ　*140*
維持管理費　*125*
異常時点検　*82*
イメージデータ　*76*

え

塩害　*115*
遠望　*185*

か

外部費用　*106, 108*
仮想的市場評価法　*43*
管理瑕疵責任　*26, 166*
管理区分　*144*
管理指標　*42, 59*
管理水準　*36, 37, 51*
管理方針　*20, 36*
管理レベル　*144*

き

橋梁検査員　*179*
橋梁点検　*142*
橋梁点検員　*179*
橋梁点検要領　*156*
橋梁の健全度　*60*
橋梁の重要度　*60*
橋梁マネジメントシステム　*136, 140, 142*
橋梁メンテナンス技術研究所　*160*
緊急輸送道路　*75*
近接　*185*

く

空間機能　*3*

け

健全度指標　*60*
現地踏査　*79*

こ

高速道路株式会社　150
交通機能　3
コスト縮減効果　58

さ

サイクル型の事業　19
再建設費用　125
材料の劣化要因　114
策定フロー　24
サービス指標　42

し

支援制度　11
事後保全　18, 37
指定管理者制度　165
社会的割引率　106
写真データ　76
修繕計画リスト　56
樹木　121
巡回監視　37
詳細調査　82
情報共有　98
情報の記録　71
情報の蓄積　71, 97
初期建設費用　125
初期コスト　109
諸元情報　71, 78, 79
除草・剪定　91
人口構造　5
人口推移　5

す

数値型データ　76
スポンサー　162, 163
スポンサー・ア・ハイウェイ・プログラム
　　163
スポンサー契約　162
図面データ　77

せ

性能規定型維持管理契約　164
世界道路協会　14
遷移確率マトリクス　155

そ

走行性　47
総合データベース　152
損傷記録　179, 181
損傷の種類　156, 157
損傷評価　86

た

耐荷性　47
対策区分の判定　156
対策工法　133
　　橋梁における──　134
対策時期の設定　127, 132
対策履歴情報　71, 72, 95
短期計画　23, 25, 40, 63
短期事業　63, 69

ち

地方管理橋梁基礎データ入力システム
　　102, 197
中間点検　82
中期計画　22, 25, 40, 51, 58, 65, 74
中期計画リスト　54
中性化　114
中長期保全計画支援シミュレータ
　　137, 169
長期計画　22, 25, 40, 64, 73
調査・計画費用　125
長寿命化修繕計画　11, 169, 197
長寿命化修繕計画策定　161

つ

追跡調査　83
通行機能　3
通常点検　81

て

定期点検　　82
テキストデータ　　76
撤去コスト　　109
撤去費用　　125
点検項目　　83
点検情報　　71, 72, 81
点検調書　　93, 94
点検方法　　156
点検要領　　158, 159
点検リスト　　55

と

凍害　　116
道路行政マネジメント　　9
道路橋に関する基礎データ収集要領(案)　　197
道路ネットワーク　　33
道路の機能　　3
道路賠償責任保険　　166, 167
特定点検　　82

ね

ネーミングライツ　　162

ひ

評価指標　　146, 148
評価単位　　87, 90
費用の計算　　133
疲労亀裂　　119

ふ

腐食　　118
プロジェクト型の事業　　19

ほ

補修計画　　147
補修シナリオ　　121
舗装　　90, 92, 110, 146
舗装アセットマネジメント　　148

舗装材料　　119
舗装マネジメントシステム　　135

ま

マクロな視点　　21～23

み

ミクロな視点　　21～23
民間活用　　6

も

文字型データ　　76

ゆ

優先順位　　60, 147
優先度指標　　145
優先度評価　　144, 145

よ

予算計画　　147
予防保全　　18, 37
予防保全型管理　　152
予防保全率　　9

ら

ライフサイクルコスト　　105, 146

れ

劣化予測　　129, 141, 149
劣化予測手法　　129
　　橋梁における——　　130
　　舗装における——　　132
　　PONTISにおける——　　131

ろ

路面性状調査　　90

道路アセットマネジメントハンドブック

2008年11月20日　発行©

編　者	㈶道路保全技術センター 道路構造物保全研究会
発行者	鹿　島　光　一
発行所	鹿　島　出　版　会 107-0052　東京都港区赤坂6丁目2番8号 Tel. 03 (5574) 8600　Fax. 03 (5574) 8604 無断転載を禁じます。 落丁・乱丁本はお取替えいたします。

装幀：伊藤滋章　　DTP：エムツークリエイト
印刷・製本：壮光舎印刷
ISBN 978-4-306-02403-8 C3052　Printed in Japan

本書の内容に関するご意見・ご感想は下記までお寄せください。
URL:http://www.kajima-publishing.co.jp
E-mail:info@kajima-publishing.co.jp

システム利用規約

1．システムの利用者
　地方管理橋梁基礎データ入力システムおよび中長期シミュレータ（以下、システム）の利用者として、基本的に道路管理に携わる国土交通省および地方公共団体職員、財団法人、民間企業、大学などを想定している。

2．システム利用規約
（1）システムの著作権
　　システムの著作権は、開発者である財団法人道路保全技術センター（以下、保全センター）が有している。
（2）免責事項
　　システムの利用によって利用者に生じる損害については、保全センターは一切責任を負わないものとする。
（3）秘密の保持
　　利用者は、システムの利用により知り得た情報を適正に管理し、第三者に漏洩し又はデータ作成以外の目的で利用してはならない。
（4）権利・義務の譲渡
　　利用者は利用者となることにより生じる権利又は義務を第三者に譲渡し、又は継承し、若しくは貸与してはならない。

3．システムの稼働環境
　本システムは、オペレーションシステムとして、Microsoft Windows、その他必要なソフトとして Microsoft Excel が必要となる。
　以下に入力システムの稼働環境を示す。
① 日本語版オペレーティングシステム
　・Microsoft Windows 2000 Professional Service Pack 3 以上＊
② コンピュータ本体
　・Pentium II 450MHz 以上のプロセッサを搭載したパーソナルコンピュータ
③ メモリ
　・521MB 以上の実装メモリを推奨
④ ハードディスク
　・インストール先のドライブに 30MB 以上の空き容量が必要
⑤ ディスプレイ
　・解像度 1024 × 768 ドット以上
　・256 色以上の表示が可能なディスプレイ
⑥ その他
　・Microsoft Excel 2000 以上がインストールされていること
　・Adobe Reader がインストールされていること
　＊ Microsoft Windows Vista では、システムが正常に稼働しない可能性があります。